Ian McAlliste

Wilde Wölfe

Mein Leben mit den Letzten ihrer Art in Kanada

In Zusammenarbeit mit
Chris Darimont

Aus dem Englischen von
Eva Plorin und Florian Oppermann

Mit einem Vorwort von
Andreas Kieling

Mit 16 Seiten Farbbildteil

MALIK NATIONAL GEOGRAPHIC

Mehr Bäume.
Weniger CO_2.
www.cpibooks.de/klimaneutral

Mehr über unsere Autoren und Bücher:
www.malik.de

Erweiterte deutsche Taschenbuchausgabe
ISBN 978-3-492-40438-9
1. Auflage Dezember 2011
3. Auflage Februar 2018

Die kanadische Originalausgabe erschien unter dem Titel »The Last Wild Wolves«
Umschlaggestaltung: Dorkenwald Grafik-Design, München
Fotos: Ian McAllister
Satz: Fotosatz Amann, Aichstetten
Druck und Bindung: CPI books GmbH, Leck
Printed in Germany

Für Karen, Callum und Lucy,
denen ich die schönste aller Reisen verdanke.

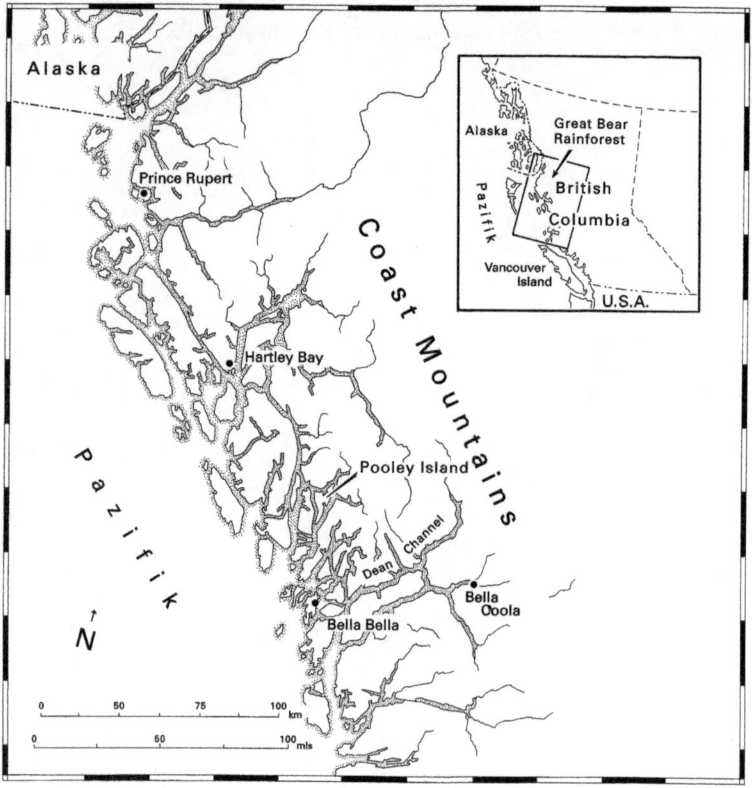

Alaska
Prince Rupert
Hartley Bay
Coast Mountains
Pooley Island
Dean Channel
Bella Bella
Bella Coola
Pazifik
N
0 50 75 100 km
0 50 100 mls
Alaska
Great Bear Rainforest
British Columbia
Pazifik
Vancouver Island
U.S.A.

Inhalt

Vorwort

Vor langer Zeit haben wir Menschen den Wolf verehrt. Er war uns in seinem Jagdverhalten sehr ähnlich. Seine sozialen Rudelstrukturen entsprachen unseren menschlichen Familienstrukturen. Ich glaube sogar, dass der steinzeitliche Jäger viel von ihm gelernt hat. Noch heute schätzen Naturvölker den Wolf. In Geschichten und Mythen ist er keineswegs böse, sondern ein Wesen, das man als Freund gewinnen möchte. Wölfe wurden mit Menschen verheiratet, Wölfe zogen Babys groß, und Wölfe wurden als Clanmitglieder aufgenommen. Felsmalereien und die Tierkopfanordnungen auf Totempfählen zeugen heute noch von dieser Verehrung. Mit dem Übergang vom nomadisierenden Jägerleben zur Sesshaftigkeit wurden allerdings viele große Beutegreifer zu Konkurrenten und erklärten Feinden des Menschen – so auch der Wolf. Andererseits wurde er von uns domestiziert und letztendlich zu unserem treuesten und zuverlässigsten tierischen Gefährten: dem Hund.

Das Leben in einem Wolfsrudel ist von einer ganz klaren Ordnung geprägt. Es ist weder romantisch noch martialisch. Dem Wolf kommt im Haushalt der Natur eine sehr wichtige Rolle zu. Er jagt überwiegend kranke, alte und schwache Tiere und trägt somit mehr als jeder andere Beutegreifer zur Gesunderhaltung von Wildtierarten bei und sorgt für die Erhaltung des biologischen Gleichgewichts. Wölfe gehören zu den erfolgreichsten Säugetieren auf unserem Planeten. Sie haben ein extrem breites Beutespektrum, das von der Waldmaus bis zum Elch reicht, und können in klimatisch sehr unterschiedlichen Lebensräumen siedeln, von der hohen Arktis bis zu den Subtropen Indiens oder dem Hochland von Äthiopien.

Die Westküste Kanadas ist einer der sensibelsten und spektakulärsten Lebensräume, die ich kenne. Vierzehn Jahre lang habe ich immer wieder in diesen subarktischen Regenwäldern gefilmt und fotografiert. Die Begegnungen mit Wölfen in jener Region haben mein Bild von diesen Tieren verändert. Mehrmals bin ich dabei auf Wolfsrudel gestoßen, die in ihrem ganzen Leben offensichtlich noch nie einen Menschen gesehen hatten. Die Reaktion auf mein Erscheinen war immer sehr ähnlich. Die Tiere zeigten so gut wie keine Scheu vor mir, näherten sich schnuppernd manchmal bis auf wenige Meter und begleiteten mich oft kilometerlang am Flussufer, wenn ich mit dem Kanu unterwegs war. Nachts zogen sie gelegentlich um mein Zelt, aber es kam nie zu einer aggressiven Handlung mir gegenüber. In der Wahrnehmung der Wölfe war ich nichts anderes als ein Beutegreifer wie Bär, Luchs, Vielfraß oder Adler.

Der Wolf toleriert den Menschen in seinem Lebensraum, für ihn sind wir ein Teil des Ganzen. Uns Menschen fehlt diese Toleranz leider sehr oft. Ian McAllister ist ein gutes Beispiel dafür, dass diese Verbindung zwischen Wolf und Mensch noch existieren kann. Er hat in ebenjener Region Kanadas, in der auch ich unterwegs war, monatelang das Verhalten dieser Tiere studiert, das Aufwachsen ihrer Jungen beobachtet und sich durch seinen rücksichtsvollen Umgang mit ihnen und durch seine gute Beobachtungsgabe den Respekt der Wölfe verdient. Er hat mit seiner Nähe zu den Tieren und den daraus resultierenden Erkenntnissen einen beträchtlichen Beitrag zum Verständnis dieser Tiere geleistet. Und mit seinen hervorragenden Fotos ein wunderbares Dokument für ihre Lebensweise geschaffen.

Auch in Deutschland ist der einst von uns Menschen ausgerottete Wolf wieder auf dem Vormarsch. Da er hier unter Vollschutz steht, erobert er sich seine früheren Lebensräume erstaunlich schnell zurück. Es liegt nicht am Wolf, sondern an uns Menschen, wie sich dieses Miteinander in Zukunft gestalten wird. *Wir* müssen wieder lernen, mit dem Wolf zusammenzuleben; auch in dicht besiedelten Ländern wie Deutschland gibt es diese Möglichkeit. Ian McAllister führt uns in seinem spannenden Buch diese Alternative vor Augen und macht sie für uns greifbar.

Andreas Kieling, September 2011

Einleitung

Einst durchstreiften Wölfe die meisten Landschaften der nördlichen Hemisphäre und waren nahezu überall in Eurasien und Nordamerika heimisch. Außer dem Menschen und vielleicht dem afrikanischen Löwen konnte kein Landsäugetier ein vergleichbares Verbreitungsgebiet aufweisen. Abgesehen von Moorgebieten und tropischen Regenwäldern waren Wölfe fast überall anzutreffen: in dichten Wäldern wie in weiten Grasländern, in der arktischen Tundra wie in extremen Wüstenzonen. Heute findet man sie dagegen vor allem in abgelegenen, unerschlossenen Landstrichen mit spärlicher Besiedelung. Diese wenigen verbliebenen, relativ ursprünglichen Naturräume sind biologische und kulturelle Kleinode, die uns eine letzte Gelegenheit bieten, das fein austarierte koevolutionäre System an Wechselbeziehungen zu erhalten, das anderenorts durch eingewanderte Arten und bewirtschaftete Landschaften verloren ging.

Auf dem nordamerikanischen Festland war der Wolf einst fast überall verbreitet. Ausnahmen bildeten nur der

Südosten der Vereinigten Staaten, Kalifornien westlich der Sierra Nevada sowie die tropischen und subtropischen Regionen Mexikos. Auch die großen kontinentalen Inseln wie Neufundland oder Vancouver Island, kleine Inseln vor der Küste von British Columbia und dem südöstlichen Alaska sowie der Arktische Archipel und Grönland dienten dem Wolf als Lebensraum, nicht dagegen Prince Edward Island, Anticosti und Haida Gwaii (die Queen Charlotte Islands vor der Nordküste British Columbias).

Im Laufe der letzten vier Jahrhunderte hatten die extreme Zunahme menschlicher Besiedelung, landwirtschaftlicher Erschließung und industrieller Forstwirtschaft eine Dezimierung der Wolfspopulationen in Nordamerika zur Folge. Darüber hinaus wurden Hunderttausende von Wölfen in Fallen gefangen, vergiftet, abgeschossen, kastriert oder auf andere Weise vernichtet. Zu Beginn des 20. Jahrhunderts waren die Wölfe im Osten der Vereinigten Staaten, in weiten Teilen Südkanadas und in den kanadischen Seeprovinzen nahezu verschwunden, und um 1960 war den Behörden die Ausrottung des Wolfes in den gesamten Vereinigten Staaten mit Ausnahme von Alaska und dem nördlichen Minnesota gelungen. Heute beschränkt sich der Lebensraum des Wolfes in Nordamerika vor allem auf Alaska und Kanada. In den Vereinigten Staaten aber vergrößerten sich Wolfspopulationen im Norden von Minnesota und Wisconsin, auf der Oberen Halbinsel von Michigan sowie in Teilen von Arizona, Washington, Idaho, Montana und Wyoming durch Auswilderung von

Wölfen aus Kanada und durch natürliche Wiederansiedlung.

In Kanada ist der Wolf noch in den meisten historischen Verbreitungsgebieten, einschließlich der Inseln vor der Küste, zu finden. Die Beendigung der meisten Regulierungsprogramme bewirkte, dass sich Populationen in vielen Gebieten, in denen die Spezies als ausgerottet galt, erholen konnten. Aus Neufundland, Nova Scotia und New Brunswick allerdings ist der Wolf verschwunden, und in dicht bevölkerten oder erschlossenen Gegenden anderer Provinzen ist er – wenn überhaupt – nur selten zu finden. Da die Wolfspopulationen in vielen ursprünglichen Lebensräumen der Welt mittlerweile dezimiert oder vernichtet wurden, ist Kanada für das Überleben der Spezies von entscheidender Bedeutung.

Dort, wo Land und Meer aufeinandertreffen – an der wilden Pazifikküste British Columbias –, lebt bis heute eine bestimmte Unterart des Wolfes vom Menschen relativ unbeeinflusst. Der Pazifische Ozean prägt diesen Lebensraum, der von großer kultureller und naturgeschichtlicher Bedeutung ist. Die Wölfe leben sowohl auf dem Festland als auch auf den nahen Inseln und legen Strecken von bis zu 13 Kilometern schwimmend im offenen Meer zurück, ohne sich von unberechenbaren Winden, kaltem Wasser oder starken Gezeitenströmungen abschrecken zu lassen. Ihre körperlichen Fähigkeiten, ihr Verhalten und das Rudelleben haben sich über Jahrtausende an den Küstenregenwald angepasst, und sie teilen diesen Lebensraum mit anderen wandernden Tierarten wie Grizzlybären, Schwert- und Buckelwalen, dem Lachs sowie Zugvögeln, von denen aber viele in ihren einstigen Lebensräumen ausgerottet wurden.

Unter sämtlichen Regionen Nordamerikas, in denen der Wolf noch beheimatet ist, nehmen die mittleren und nördlichen Küstenstriche British Columbias sowie die vorgelagerten Inseln eine ökologische Sonderstellung ein. Ein Geflecht aus Inseln, Wasserwegen und Bergen schafft eine natürliche Gliederung des Naturraums, in dem Land und Meer untrennbar miteinander verbunden sind und der den Küstenwölfen Nahrung und Schutz bietet.

Die Lebensräume vieler Küstenwölfe umfassen ganze Inselgruppen. Folglich sind sie gezwungen, bei der Nahrungssuche beträchtliche Strecken sowohl zu Land als auch schwimmend zurückzulegen. Viele ihrer Beutetiere und andere Raubtiere wie Schwarz- und Grizzlybären verhalten sich ebenso.

Gewässer mögen die Wölfe zwar in ihrer Bewegungsfreiheit einschränken, aber das Meer sorgt auch für ein zusätzliches Nahrungsangebot: Neben Hirschen, Elchen und Ziegen fressen die Wölfe hier Muscheln, Krebse und Aas von gestrandeten Meerestieren. Im Herbst stellen Lachse, die zum Laichen zu den Flüssen im Regenwald zurückkehren, eine wichtige Nahrungsquelle dar. Wölfe nutzen wie Bären und andere an Land lebende Spezies die Flussufer als Wanderrouten und transportieren dabei marine Nährstoffe in die Urwälder der Region. Zurückgelassene Lachskadaver sowie Kot und Urin des Wolfes ernähren eine Vielzahl von Organismen und düngen die Ökosysteme der Küste.

Das Küstengebiet von British Columbia, das weithin als Great Bear Rainforest bekannt ist, bietet weltweit eine der letzten Chancen, einen ursprünglichen Naturraum zu bewahren, in dem noch einheimische Arten, unbeeinträchtigte ökologische und evolutionäre Prozesse und seltene ursprüngliche Ökosysteme wie Wälder mit Altbestand zu finden sind. Doch die Zukunft des Great Bear Rainforest ist von dem in großem Stil betriebenen Kahlschlag auf dem Festland und den entlegeneren Inseln vor der mittleren und nördlichen Küste bedroht. Hinzu kommt die stetig wachsende Gefährdung der marinen Umwelt durch Überfischung, Öl- und Gasbohrungen sowie Fischfarmen.

Doch wodurch unterscheidet sich der Küstenwolf von British Columbia, abgesehen von seinem abgeschiedenen und relativ intakten Lebensraum, derart von anderen Wölfen, dass er bei Biologen und Menschen auf der ganzen Welt eine solche Faszination, Neugier und Anteilnahme weckt? Dies liegt im Wesentlichen an seiner augenfälligen Andersartigkeit, die das uns vertraute Bild von der »typischen« Verhaltensweise und Ökologie des Wolfes infrage stellt, das geprägt ist von unserer Erfahrung mit domestizierten Hunden sowie der Flut an einschlägigen Studien, Fernsehdokumentationen, Zeitschriftenartikeln und Büchern in den letzten Jahren. Denn diese Wölfe verhalten sich nicht so, wie wir es von Wölfen erwarten. Darüber hinaus hat sich die Einstellung gegenüber Wölfen in den letzten Jahren grundlegend gewandelt: Mittlerweile haben Naturschutzgruppen und weite Teile der Öffentlichkeit ein positives Bild von diesen Tieren und sehen ihren Schutz und die Erhaltung der Populationen als äußerst wünschenswert an.

Viele Menschen sind auch vom Wolf fasziniert, weil dieser ikonenhaft die unberührte Natur symbolisiert. Wir wissen, dass unsere expandierende, alles vereinnahmende Zivilisation die Vernichtung der Wölfe verursacht hat, und betrachten deshalb weitere Eingriffe des Menschen in ihre letzten unberührten Rückzugsgebiete mit Sorge.

In dieser vom Menschen dominierten Welt werden die Lebensbedingungen, die der Wolf benötigt, immer seltener. Und selbst die weitläufigsten kanadischen und US-amerikanischen Nationalparks und Reservate sind zu klein, um den Wölfen vollkommenen Schutz zu bieten. Das Verschwinden der Wölfe steht eindeutig auch für den Verlust weiter Teile ursprünglicher Natur, die auch der Mensch zur geistigen Stärkung und als Lebensgrundlage benötigt. Der Wolf und der Mensch sind somit gleichermaßen Opfer des ungezügelten industriellen Fortschritts. So gesehen sind die wild lebenden Wölfe in der Abgeschiedenheit des Great Bear Rainforest für viele Menschen geradezu ein Symbol der Hoffnung. Ironischerweise wird mithin eine Spezies, die einst als Bedrohung für den Menschen galt, nun zu einem Indikator für die Nachhaltigkeit unserer eigenen Lebensweise.

Als ich 1998 Ian McAllister bei einer Tagung in Victoria, British Columbia, traf, war er bereits weithin als Naturfotograf und unermüdlicher Anwalt der Küsten-Grizzlybären und Urwälder bekannt. Er lebt mit seiner Frau Karen bis heute in Bella Bella an der mittleren Pazifikküste, und so sind die Tiere für ihn Nachbarn in Not, die seine Hilfe benötigen. Als Mitbegründer der Schutzorganisation Raincoast Conservation Society verlieh er der mittleren Pazifikküste den Namen »Great Bear Rainforest« – Regenwald des großen Bären. Ich war beeindruckt und bewegt von Ians naturgeschichtlichen Kenntnissen und der kompromisslosen Entschlossenheit und Begeisterung, mit der er für den Schutz dieser ursprünglichen Küste eintritt. Insbesondere seine Berichte vom Inselhopping und Lachsfang der Wölfe interessierten mich. Uns beiden wurde klar, dass angesichts der unmittelbaren ökologischen Bedrohungen durch die Holzindustrie das Leben dieser bemerkenswerten Küstenwölfe dokumentiert und ihr Status im Rahmen einer seriösen wissenschaftlichen Studie ermittelt werden musste. Also machten wir uns auf die Suche nach einer geeigneten Persönlichkeit mit der entsprechenden wissenschaftlichen Qualifikation, die in enger Zusammenarbeit mit Raincoast und den First Nations, den indianischen Völkern, eine solche Studie in Angriff nehmen könnte.

Ungefähr neun Monate später trat ein Mann namens Chris Darimont während der Feier meines 50. Geburtstags an mich heran und bekundete sein Interesse an dem Vorhaben. Er war gerade an einem Wolfsforschungsprojekt beteiligt, das ich zehn Jahre zuvor im Banff Nationalpark ins Leben gerufen hatte. Vom Augenblick dieser ersten Begegnung an wusste ich, dass Chris der richtige Mann für die Leitung der Feldforschung war: Er hatte Erfahrung, war gewandt, wissbegierig und begegnete anderen mit Respekt; er war eher ein Zuhörer denn ein Redner, und wenn er das Wort ergriff, stellte er meist Fragen. Er war der perfekte Kandidat: ein junger, bescheidener Wissenschaftler mit einer großen Bereitschaft, von den First Nations zu lernen.

Das Forschungsvorhaben erhielt beträchtlichen Aufwind, als Chris an der University of Victoria als *graduate student* der Biologie angenommen wurde. Er sollte unter der Aufsicht des renommierten Wissenschaftlers Dr. Tom Reimchen arbeiten, den ich für einen der klügsten Ökologen Kanadas halte. Dr. Reimchen wurde zum wissenschaftlichen und intellektuellen Kopf unseres Forschungsprojekts. Außerdem schloss sich Chester Starr von der Heiltsuk First Nation dem Studienteam an: Er brachte das überlieferte Wissen der indigenen Bevölkerung ein und wurde zu einem wichtigen Führer, Berater und Mentor für Chris. Ausdrucksstark in Worten und Bildern erzählt Ian McAllister die Geschichte der gemeinsamen Entdeckungsreise zu den Küstenwölfen. Dabei wird deutlich, dass wir das Wesen dieses ungewöhnlichen Wolfs wohl nur erfassen können, wenn wir den komplexen Naturraum aus Land und Meer kennen und verstehen, der es über die Jahrtausende geformt hat. Ian entführt uns in eine verborgene Welt, wo die Küstenwölfe in einer einzigartigen Landschaft jagen, spielen und ihren Nachwuchs aufziehen. Die wahre Natur dieser Wölfe wird sich denjenigen offenbaren, die bereit sind, sich von starren Vorstellungen zu lösen und die Gefühle zuzulassen, die jeden übermannen, der den Tieren in ihrem unvergleichlichen Lebensraum, dem Regenwald, begegnen durfte. In diesem emotionalen Grenzbereich treffen sich moderne Wissenschaft und Passion und eröffnen einen Einblick in eine Welt, die wir einst bewohnt und intuitiv verstanden haben.

Dieses Buch ist eine Hommage an alle heimischen Arten, deren Überleben vom Great Bear Rainforest abhängt. Ian, Chris und Chester sprechen wortgewandt für jene überwältigende Mehrheit an Lebewesen, die nicht für sich selbst eintreten kann. Ich bin mir sicher, dass diese stummen und zunehmend bedrängten Lebewesen den Einsatz für ihre Sache mit Begeisterung guthießen – hätten sie nur die Möglichkeit dazu.

Paul C. Paquet, PhD
Wissenschaftlicher Leiter der Raincoast Conservation Foundation

Prolog

Die wahren Herrscher der Küstenwälder

Die Laichzeit war fast vorüber, und ich versuchte so viele Aufnahmen und Beobachtungen zu machen wie möglich, bevor die letzten Lachse wieder verschwanden. Neuschnee schimmerte strahlend weiß auf den Gipfeln um den Dean Channel an der mittleren Pazifikküste von British Columbia. Mit meinen Wattstiefeln steckte ich bis zu den Knöcheln im Schlamm, einer Mischung aus verfaulendem Fisch, Schlick, Fischschuppen und Gräten. Der Gestank von Zehntausenden nach dem Laichen verendeter Lachse verpestete das Tal. Fichtennadeln und ledrige Fetzen von Lachshaut trieben auf dem von Tannin verfärbten Wasser. Maden kullerten wie Reiskörner in der Strömung und fraßen den grauen Schleim, der wenige Wochen zuvor ein silberner kräftiger Lachs gewesen war. Ich bemühte mich, nicht daran zu denken, dass ich zu anderen Jahreszeiten dieses Flusswasser trank.

Gut 50 Meter flussaufwärts war ein alter Freund damit beschäftigt, die verfaulenden Kadaver abzulecken wie ein großes Kind Eiscreme; nur dass es sich bei diesem Tafelgast, dessen Unterkiefer von weißem Fleisch verschmiert war, um einen großen alten Grizzlybären handelte. Sein Fell war größtenteils schwarz.

Er wog an die 300 Kilo – er mochte ein Viertel an Gewicht zugelegt haben, seit ich ihn zum ersten Mal im Frühling gesehen hatte. Sein Bauch war so feist, dass er über den Boden schleifte. Ich habe einmal gehört, dass Wissenschaftler, die während dieser Zeit des Jahres Hautproben von Bären untersuchen, mehr Spuren von Lachs als von den Bären selber darin finden.

Es war ein träger Nachmittag. In den letzten Wochen hatte ich in dieser Gegend insgesamt ein Dutzend Grizzlybären gezählt. Auch von Schwarzbären fand ich Spuren, aber die Tiere selbst sah ich nur selten. Sie fraßen bevorzugt nachts oder an weniger begehrten Fischplätzen mit Abstand zu den Grizzlybären. Alle ernährten sich seit fast vier Monaten von Lachs, in letzter Zeit fraßen sie nahezu 20 Stunden am Tag und erreichten schon fast das Höchstgewicht, das Bären benötigen, bevor sie sich zum Winterschlaf in die verschneiten Berge zurückziehen.

Ich fühlte mich selbst ein wenig schläfrig, setzte mich auf den schlammigen Boden und lehnte meinen Hinterkopf gegen eine regennasse Zeder. Als ich gerade die Augen schließen wollte, bemerkte ich, dass der Grizzly sich plötzlich anspannte und auf die Hinterbeine erhob, wobei er den kopflosen Lachs fallen ließ. Er blähte seine Nasenflügel auf und machte ein lautes bellendes Geräusch. Ich folgte seinem Blick auf die andere Seite der Flussmündung. Wie in einem Traum sah ich dort eine Gruppe Wölfe aus dem Wald auftauchen. Als ich gerade den dreizehnten zählte, hatten sie bereits ein Viertel der Strecke über die von der Ebbe seichte Flussmündung zurückgelegt. Mit erhobenen Köpfen und Schwänzen und aufgerichteten Ohren schwärmten sie auf dem morastigen Boden aus und bewegten sich rasch und zielstrebig auf den Grizzlybären zu. Es war keine Frage, in welcher Absicht sie kamen. Und sie waren wunderschön. Der Familienverband hatte seine maximale Größe erreicht, bevor der Winter, Krankheit, das Alter, der Huf eines sich zur Wehr setzenden Hirschs oder einer Bergziege das eine oder andere seiner Mitglieder töten würde und bevor die Welpen des nächsten Jahres geboren waren. Das Rudel koordinierte seine Bewegungen und lief rhythmisch, diszipliniert und selbstsicher. Die erwachsenen Tiere übernahmen die Führung, und die Welpen mit ihren unverhältnismäßig großen Pfoten und überdimensionalen Ohren, die nun eher schon Halbstarken glichen, hielten sich etwas im Hintergrund.

Wenige Augenblicke später sprangen die Wölfe platschend durch das seichte Wasser und begannen zu sprinten, sodass Raben und Möwen auseinanderstoben. Als sie nur noch 60 Meter entfernt waren, ließ sich der Grizzlybär auf alle vier Pfoten fallen und startete durch wie ein Rennpferd, wobei sein mit Lachs gefüllter Bauch hin- und herpendelte.

Bis mir bewusst wurde, dass ich mich genau zwischen dem Bären und der nächstgelegenen Baumgruppe befand und er direkt auf mich zurannte, um sich in Sicherheit zu bringen, war es schon zu spät. Ich schützte mein Gesicht mit den Händen, spürte die Schlammspritzer und roch den Atem des Bären, der nach wochenlangem Fressen von verrottetem Fisch faulig stank. Zehn Meter hinter mir brach er fluchtartig ins Unterholz. Später fand ich dort eine Erle von 15 Zentimeter Durchmesser, die der Bär abgebrochen und zersplittert hatte.

Nicht einmal eine Minute zuvor war ich beinahe eingeschlafen. Als sich die nächsten Raubtiere mit einem Gesamtgewicht von rund 450 Kilo in meine Richtung bewegten, stellte ich erleichtert fest, dass sie ihr Tempo verlangsamten. Die Wölfe sahen ihre Arbeit offensichtlich als erledigt an. Sobald ich wieder zu Atem gekommen war, konnte ich ein noch verblüffenderes Schauspiel beobachten.

Das Rudel versammelte sich in der Mitte der schlammigen Ebene, und ein großes, dunkles Alphamännchen, das Leittier, begann zu heulen. Innerhalb von Sekunden stimmten alle anderen Tiere ein. Es klang wie ein triumphierender Schlachtruf, und er schien sämtliche Lebewesen im Tal, selbst die Singvögel, verstummen zu lassen. Ich denke, die Wölfe wollten lediglich sicherstellen, dass der Bär sich seinen Rückzug nicht noch einmal überlegte – was ich mir nach alldem wirklich nicht vorstellen konnte.

Dann, ebenso schnell, wie die Verfolgungsjagd eröffnet worden war, begannen die Wölfe miteinander zu spielen: Die untergeordneten Welpen lagen auf dem Rücken, während ihre dominanten älteren Geschwister über und auf sie sprangen. Die Jungtiere kauten auf den Ohren und Beinen der jeweils anderen oder auf Treibholz, Algen und sonstigen angeschwemmten Schätzen herum; sie rannten im Kreis, spielten nach Art der Wölfe Fangen; pinkelten und scharrten auf dem Boden; stolperten über ihre tapsigen Pfoten. Die erwachsenen Tiere schwankten zwischen Gleichgültigkeit und Wachsamkeit, und alle Verhaltensweisen waren von Bedeutung: Jedes einzelne Rudelmitglied – ob Alt- oder Jungtier – arbeitete daran, seinen Platz in der sozialen und hierarchischen Welt der Wölfe zu finden. Es fiel mir schwer, bei all den Albernheiten den Überblick zu behalten. Schließlich lagen die Alttiere einfach auf dem kühlen Boden, hechelten kaum noch und sahen den Welpen beim Spielen zu.

Sie verhielten sich, als ob der gerade erfolgte Angriff auf einen ausgewachsenen Grizzlybären ein vollkommen alltägliches Ereignis in ihrem Leben wäre. Mit Leichtigkeit hatten sie eines der mächtigsten und kampfeslustigsten Landsäugetiere Nordamerikas in die Flucht geschlagen. Der Grizzly hatte keine Sekunde gezögert, als er merkte, womit er es da zu tun bekam; es war offenbar nicht das erste Mal gewesen, dass er eine solche Attacke erlebte.

Ich kann nicht sagen, ob mich das dreiste, vorsätzliche Vorgehen oder das lässige Verhalten der Wölfe nach dem Angriff mehr verblüffte. Sie wussten ganz offensichtlich, welchen Platz sie hier einnahmen.

Einige Jahre zuvor, in den frühen 1990er Jahren, hatte ich den Küstenregenwald aus der Perspektive des Grizzlybären studiert. Nun wurde mir plötzlich bewusst, dass mir eine vollkommen andere Welt entgangen war. Die Begegnungen mit Wölfen konnte ich damals an meinen Fingern abzählen, und meist dauerten sie nur Sekunden. Ich fragte mich, ob und wie ein eingehenderes Studium dieser Tiere überhaupt möglich wäre.

Auch als ich erstmals begann, die Gegend zu erkunden, die mittlerweile als Great Bear Rainforest bekannt ist, sah ich selten Wölfe. Kilometer für Kilometer, Monat für Monat wanderte ich durch die zahlreichen Flusstäler und Inseln vor der Küste, doch selbst nach Jahren im Wald blieben mir die Regenwaldwölfe verborgen. Nur gelegentlich erhaschte ich spätabends einen flüchtigen Blick. Als ich einmal gemeinsam mit meiner Frau Karen an einem Steilhang oberhalb der Flussmündung darauf wartete, dass sich ein Grizzlybär, Schwarzbär oder ein Kermodebär (wegen seines weißen bis cremefarbigen Fells auch »Geisterbär« genannt) zeigte, trottete ein Wolf heran. Er blieb in den hohen Seggen fast gänzlich verborgen, die in den flachen Furchen wuchsen, die der Fluss bei Hochwasser in das Erdreich gegraben hatte, und nur seine Ohren waren zu sehen; wir konnten seine Bewegungen nur anhand des Schwankens von Gras und Seggen verfolgen. Dann verschwand er wieder im Wald.

Meist finden sich Hinweise auf die Anwesenheit von Wölfen jedoch in anderer Form: hier eine Spur im Schlamm, dort etwas Kot oder sorgfältig abgenagte Knochen eines Schwarzwedelhirsches und am häufigsten und beeindruckendsten mit einem vielstimmigen, spätabendlichen Heulen, das wir an Deck unseres Bootes an einem einsamen Ankerplatz vernahmen. Der Klang hallte sanft von den hohen Granitfelsen wider, irgendwo dort, wo die Wölfe gerade in dem weiten, grünen Meer des Regenwalds jagten.

Ich wusste, dass Wölfe zu den scheuesten Tieren der Erde zählen und dass sie Entfernungen von über 70 Kilometern am Tag – oder vielmehr während einer Nacht – zurücklegen können; eine der längsten belegten Strecken beträgt 177 Kilometer, allerdings über flaches Land.

Ich hielt Wölfe für opportunistische Jäger, die auf der Suche nach Nahrung stets in Bewegung sind, und folglich für unberechenbar. Ich hätte es nie für möglich gehalten, dass sie die Anwesenheit eines Menschen in nächster Nähe über längere Zeit tolerieren würden. Auch glaubte ich, dass Wölfe ihre Routen willkürlich wählen und dass meine ersten Begegnungen mit ihnen rein zufällig waren. Und da ich keine Verhaltensmuster erkennen konnte, dachte ich, man könne sie nicht ohne aufwendige Hilfsmittel wie Funktechnik oder Satellitentelemetrie beobachten – schon gar nicht, wenn man selbst ein vergleichsweise langsames, schwerfälliges (und aus der Wolfsperspektive stark riechendes), noch dazu nachtblindes menschliches Wesen war. Doch vielleicht war ja nicht das Verhalten der Wölfe ziellos, sondern mein Suchmuster vollkommen falsch. Erschwerend kam hinzu, dass dies hier nicht die Tundra war, wo man auf einem Berg sitzen und die Wölfe aus kilometerweiter Entfernung mit einem Fernglas deutlich sehen konnte. Im Küstenregenwald bemisst sich die Sichtweite oft in Armlängen, und die Orientierung erfolgt anhand der Geräusche, die der Wind über das Wasser trägt.

Je länger ich die äußeren Randbereiche der Nordküste von British Columbia erforschte, von den windgepeitschten Küsteninseln bis zu den Eisfeldern der Coast Mountains, desto bewusster wurde mir, dass die Wölfe das Land auf eine Art beherrschen, die den Grizzlybären verwehrt ist. Über Grizzlys erhält man den wohl besten Zugang zu den Lachswäldern, die für die größeren Wassereinzugsgebiete des Festlands von British Columbia charakteristisch sind. Als eine *umbrella-species*, eine Art, die wie ein Schutzschirm wirkt, weil mit ihrem Fortbestand auch der zahlreicher anderer Lebewesen gesichert wird, zeigen sie funktionierende Ökosysteme an, und schon allein aufgrund ihrer Größe und ihres Wesens bleiben sie ein Symbol für den unberührten Regenwald.

Als Allesfresser sind sie auch anpassungsfähiger als Wölfe; Grizzlybären haben verschiedene Alternativstrategien für das Überleben entwickelt. Und da sie den weniger ergiebigen Winter verschlafen, sind sie an der Küste praktisch Saisongäste. Wölfe dagegen halten keinen Winterschlaf und ernähren sich fast ausschließlich von Fleisch. Wenn sie kein Beutetier jagen oder Aas finden können, sterben sie. Und oft muss nicht nur für ein Einzeltier oder ein kleines Rudel, sondern für einen großen Familienverband Nahrung beschafft werden. Da Berglöwen in weiten Teilen dieser Küstenlandschaft nur sehr selten vorkommen, ist der Wolf der Spitzenprädator – diejenige Tierart, die an der Spitze der Nahrungskette steht.

Auch in ihrer Art, die Landschaft zu durchstreifen, unterscheiden sich Wölfe von den Grizzlybären: Ich fand Wolfsspuren auf Gebirgskämmen in 1800 Metern Höhe, die der Fährte einer Bergziege folgten, ebenso wie an Stränden der äußersten Inseln, kilometerweit durch offenes Meer vom Festland getrennt. Wolfsrudel mit ihren effizienten, strategischen und kooperativen Jagdtechniken haben jeden Winkel des Küstenregenwalds erobert, was den Grizzlys als vorwiegenden Einzelgängern und Allesfressern nicht möglich ist.

Schon nach kürzester Zeit hatten mich die Grizzlybären als Beobachter in nächster Nähe geduldet, und es war einfach, ihre Habitate zu finden, denn ihre Bedürfnisse sind relativ gut dokumentiert. Es gibt zahllose Berichte, Filme, Dokumentationen und Bücher über die Ökologie des Grizzlybären. Im Gegensatz dazu hatte ich einige Mühe, als ich versuchte, wissenschaftliche Informationen über den Status oder die Ökologie von Wölfen an der Nordküste von British Columbia zu finden. Über andere Wölfe, einschließlich der in Nordalaska, gab es hingegen viel Lesestoff. Der Regenwaldwolf war außerhalb der Kultur der First Nations noch immer unerforscht und mysteriös. Die Wissenschaft hatte wenig zu bieten, Museen besaßen keine Informationen, und selbst die Industrie mit ihren

Plänen, die Küste zu »erschließen«, konnte keine Daten oder biologischen Studien liefern. Hier gibt es den größten intakten gemäßigten Regenwald der Erde, in dem eine Spezies beheimatet ist, deren Lebensraum in Nordamerika um 40 Prozent und deren Bestand in etwas mehr als 300 Jahren um 80 Prozent dezimiert wurde, und dennoch weiß man noch immer so gut wie nichts über deren Status, Ökologie und Verhalten. Die Küstenwölfe waren in Nordamerika einst von Mexiko bis Alaska zu Hause, doch ab den 1920er Jahren galten sie südlich des Great Bear Rainforest als ausgerottet.

Bei Besuchen von Siedlungen oder eines *Potlatch* der First Nations bemerkte ich allerdings überall Wolfssymbole. Der Wolf spielt eine wichtige Rolle im Leben der Ureinwohner: Masken, Pfähle und Kunstwerke in Wolfsgestalt werden neben Emblemen anderer wichtiger Tiere wie Fächerfisch, Grizzlybär oder Rabe deutlich sichtbar zur Schau gestellt. Wenn ich mit den Ältesten sprach oder ihren Erzählungen lauschte, dann wurden Wölfe als Ernährer und Beschützer beschrieben und nicht als wahllose Killer – ein unverdienter Ruf, für den sie von den ersten Siedlern auf dem nordamerikanischen Festland gnadenlos abgeschlachtet wurden.

Bei den First Nations an der Küste von British Columbia werden die Sozialordnung und Kultur des Wolfes verehrt. Familien beschreiben stolz ihre uralte Verwandtschaft mit den Wölfen und empfinden es als Privileg, einem Wolfsstamm anzugehören, das Wolfswappen zu tragen. Der

Wolf (*K'vsls* in der Sprache der Heiltsuk) ist allgegenwärtig. Bei manchen Stämmen wie den Heiltsuk bittet man in schwierigen Zeiten, etwa im Krieg oder bei Hungersnöten, die Mitglieder des Wolfsclans um Hilfe und Rat. Die Nuxalk schreiben dem Wolf magische Kräfte zu. Viele alte Erzählungen berichten, dass der Wolf willens war, den Menschen zu helfen und oftmals Menschen in Wölfe verwandelte.

Diese Völker haben Tausende von Jahren in der Nähe der Wölfe und mit ihnen gelebt und empfinden kein Unbehagen dabei. Ansonsten begegnet man in Nordamerika Wölfen nur allzu häufig mit solcher Feindseligkeit oder Furcht, dass viele Menschen sie töten – nicht nur um das Land von Wölfen zu befreien, sondern auch um sie quasi dafür zu bestrafen, dass sie Wölfe sind. Angesichts der Unvereinbarkeit beider Haltungen ist es nur schwer vorstellbar, dass sie sich auf dieselbe Spezies auf demselben Kontinent beziehen.

Ein Tier, das über so viele Jahrhunderte einen derart widersprüchlichen Leumund hat, um das sich Mythen und Volksweisheiten ranken, muss einen mächtigen Geist, ein Geheimnis und hohe Intelligenz besitzen. Ich fragte mich, ob diese Regenwaldwölfe, die sich vor dem Terror verbergen, der ihre Artgenossen auf dem Kontinent traf, mir Zugang zu ihrer Welt gewähren würden.

Nun ist über ein Jahrzehnt vergangen, seit ich jene Wölfe beim Verjagen des Grizzlybären beobachtet habe. Die folgenden Jahre haben mein Verständnis von Wölfen und ihrer Bedeutung für den gemäßigten Regenwald gewandelt. Jener Wolfsfamilie gab ich den Namen »Fish Trap Pack« – Fischfängerrudel –, und ich durfte verfolgen, wie sie seitdem Jahr für Jahr eine neue Generation Welpen aufgezogen hat. Sie gehörte zu den ersten, die mir einen Einblick in ihre Lebensart und ihre Sozialordnung gewährten.

Kein Forschungsverfahren reicht an die direkte Beobachtung heran, und dennoch bleiben einige entscheidende Fragen bezüglich der Ökologie des Küstenwolfes so rätselhaft wie die Wölfe selbst. In welcher genetischen Verbindung steht der Küstenwolf zu den übrigen Wölfen Nordamerikas? Ihr Erscheinungsbild unterscheidet sich zweifelsohne von dem anderer Wölfe, und sie leben in einem weltweit einmaligen Naturraum. Wie viele Wölfe leben im Regenwald? Ich wüsste es nur zu gerne. Wie groß sind die Reviere der einzelnen Rudel? Und am wichtigsten: Wie kann man sie angesichts der sich rapide verändernden Küstenlandschaft schützen? Flächennutzungspläne für den Great Bear Rainforest wurden ohne Berücksichtigung der Wölfe ausgearbeitet.

Wenn man eine Tierart studiert, die, wie die Bären, den Winter über schläft, reicht es aus, sich auf bestimmte Jahreszeiten zu konzentrieren. Aber mit den Wölfen lag die Sache anders. Karen und ich zogen 1998 ganzjährig in ein Haus auf Denny Island, gegenüber der Indianergemeinde Waglisla (Bella Bella) im Herzen des Great Bear Rainforest, um unsere Arbeit mit der Raincoast Conservation

Society – der Schutzorganisation, deren Gründung im Jahr 1990 wir unterstützten – intensivieren zu können.

Dank des Wissens insbesondere des Heiltsuk-Volkes konnte ich meine Zeit mit den Wölfen das ganze Jahr hindurch zielgerichteter einteilen. Unser Heim wurde bald schon zu einer Telefonzentrale, der Einheimische sowie Seeleute vorbeifahrender Schiffe gesichtete Wölfe meldeten, was unser Wissen deutlich verbesserte.

Der Biologe und Wolfsforscher Paul Paquet, dem ich 1998 zufällig begegnete, machte mich darauf aufmerksam, dass die Küstenwölfe die am wenigsten untersuchten Vertreter ihrer Art in Nordamerika sind. Insbesondere über ihre Genetik und Nahrungsökologie wusste man nur wenig. Chris Darimont, ein Student der University of Victoria, hatte im Laufe des Jahres einige meiner öffentlichen Vorträge besucht und Interesse bekundet, ganz gleich an welchem Forschungsprojekt, das wir verfolgen würden, teilnehmen zu wollen. Chris hatte gerade eine Zeit lang als Freiwilliger für ein anderes Wolfsforschungsprojekt in den Rocky Mountains gearbeitet; seine Aufgabe hatte darin bestanden, die Wölfe, die man mit Halsbändern und Peilsendern markiert hatte, aufzufinden und ihnen mit seinem Truck zu folgen. Nur allzu häufig fand er sie schließlich tot auf – erschossen, in einer Falle, vergiftet, von Autos oder Zügen überfahren. Chris erzählte mir, dass er sich eher wie ein Leichenbestatter denn wie ein Wolfsforscher gefühlt hatte.

Zu diesem Zeitpunkt hatte ich bereits erkannt, dass es

möglich war, den Regenwaldwölfen zu folgen und sie zu beobachten, ohne dadurch größere Störungen zu verursachen. Bei traditionellen Studien pflegt man die Wölfe zu fangen und mit Halsbändern und Peilsendern auszustatten, um ihnen dann mit dem Flugzeug oder Hubschrauber zu folgen. Diese Forschungsmethoden haben den Nachteil, dass sie in das Leben der Tiere eingreifen und nur auf eine begrenzte Zahl von Fragen Antworten bieten. Darüber hinaus waren sie in Südostalaska bereits intensiv genutzt worden; angesichts der vergleichbaren Ökologie des Regenwalds und des Nordens schien es uns überflüssig, sie noch einmal einzusetzen. Chris und Paul versicherten mir außerdem, dass mittels neuerer, fortschrittlicher molekularer Methoden, für die lediglich Hinterlassenschaften der Wölfe genutzt werden, wie Kot oder Fell, dieselben und weitere Erkenntnisse gewonnen werden könnten. Das Sammeln der Proben sei zwar arbeitsintensiver, aber die Wölfe würden dadurch weder geschädigt noch belästigt.

Die Raincoast Conservation Society und die örtlichen First Nations riefen im Jahr 2000 das Rainforest Wolf Project ins Leben. Das Gelände für die Feldstudie ist riesig: um die 65 000 Quadratkilometer der mittleren und nördlichen Küstenlandschaft von British Columbia. Während in diesem Gebiet allgemeine Informationen über Wölfe gesammelt wurden, wählten wir einen Teilbereich von ungefähr 3000 Quadratkilometern in der Gegend von Bella Bella für eine intensivierte, überschaubare Kernstudie. Dieses Buch zeigt die bahnbrechenden Erkenntnisse dieses Forschungsprojekts auf und schildert meine persönlichen Erlebnisse und Erfahrungen mit einigen Wolfsrudeln, die ich in jenen Jahren beobachten konnte.

Nachdem ich das Vertrauen des Fish Trap Pack gewonnen und mehr über sein Leben erfahren hatte, entdeckte ich fernab aller menschlichen Siedlungsgebiete an der entlegenen Außenküste eine weitere Population von Regenwaldwölfen, die auf ganz andere Weise lebte. Sie findet ihre Nahrung sowohl im Meer als auch an Land, und ich nannte sie »Surf Pack«. Sollte ich das Vertrauen dieser Wölfe gewinnen, könnte ein vollständigeres Bild der Ökologie der Küstenwölfe gezeichnet werden.

Ich möchte noch ein paar Worte zu den Fotografien dieses Buches sagen: Nicht alle Rudel erlaubten mir so oft wie das Fish Trap Pack, sie beim Fischen zu beobachten und zu fotografieren. Oftmals wurde schon mein Kommen und Gehen am Fluss als so störend empfunden, dass sich die Wölfe in Gegenden weiter stromaufwärts zurückzogen. Um das zu vermeiden, verbrachte ich manche Nacht auf Plattformen, die ich zuvor auf Bäumen an ihren bevorzugten Fischfangplätzen errichtet hatte. Da Wölfe oft nachtaktiv sind, besteht nur ein kleines Zeitfenster – nach Sonnenaufgang und dann wieder vor Sonnenuntergang –, in dem man sie zu Gesicht bekommen kann. Während des Tages ruhen sie. Es ist aufregend, aber oft auch frustrierend, nächtelang wach im Schlafsack zu liegen und das Geplansche zu hören, das Knurren, die splitternden Geräusche beim Zerbeißen und Abnagen von Knochen, das Herumtollen und Kläffen – Wölfe können nachts recht geräuschvoll sein. Nur 60 Meter von meinem Hochsitz entfernt werden unzählige Lachse gefangen und verzehrt, doch sobald der Morgen dämmert und ich beginnen möchte, Fotos zu machen, verschwindet das Rudel, ein Tier nach dem anderen, wieder im Wald, und ich werde bis zum nächsten Abend nichts mehr von ihnen sehen oder hören.

Aufgrund dieses nachtaktiven Verhaltens haben viele Menschen noch nie einen Wolf gesehen, selbst wenn sie an der Küste geboren und aufgewachsen sind. Schon der Anblick eines Wolfes im Regenwald ist ein Geschenk – ganz zu schweigen von der Chance, ein Tier fotografieren zu können. Die Bilder in diesem Buch sind das Ergebnis von Aberhunderten von Tagen, die vor dem Morgengrauen begannen, wobei ich an vielen keinen einzigen Wolf zu Gesicht bekam. Für jeden Tag, an dem ich eine gelungene Aufnahme auf Zelluloid bannen konnte, stehen eine oder mehrere glücklose Wochen.

In dieses Buch fließen zwar meine Beobachtungen von mehr als 40 Rudeln ein, die ich in einem Zeitraum von 17 Jahren zwischen Knight Inlet und dem Alaska Panhandle gemacht habe, aber vor allem beschäftigt es sich mit dem Fish Trap Pack und dem Surf Pack. Meine Hoffnung ist es, dass sie die Rolle eines Botschafters aller Wölfe der kanadischen Nordpazifikküste übernehmen werden.

Frühling

Zeit der Heimlichkeit

Der Lama Pass, ein Teil der Inside Passage, war kühl und still, und mein Atem bildete hinter mir eine Nebelspur, als ich aus der Bucht fuhr. Über dem Wasser lag sanft der süßlich nach Rotzedern riechende Qualm, der aus den Ofenrohren von Waglisla aufstieg. Nur wenige Lichter waren an diesem Frühlingsmorgen im Dorf zu sehen.

Kurz hinter dem Seaforth Channel dümpelten Tausende von Seemöwen in der Mitte des Deer Pass. Sobald ich näher kam, flogen sie ruhig und mühelos vom Wasser auf und ließen mein Boot passieren. Ein extremer Tidenhub in Verbindung mit den letzten kalten Outflow-Winden des Winters kennzeichnet den Beginn der Laichzeit der Heringe. Ich habe im Laufe der Jahre gelernt, dass das Volk der Heiltsuk zunächst das Wetter beobachtet, um herauszufinden, wann der Hering laichen wird.

Die Möwen fanden sich ein, um die winzigen weißen Eier zu fressen und die Überreste der verwundeten Fische, welche die Buckelwale, die gerade erst wieder an die Küste zurückgekehrt waren, zurückließen: Die 40 Tonnen schweren Wale tauchen unter die Heringe, bilden eine kreisförmige Formation und fangen die Heringe in einem »Netz« aus Luftblasen, die beim Ausatmen aufsteigen. Auch Weißstreifendelfine, Seelöwen und viele andere Heringsjäger hielten sich nun zum Fressen in den Küstengewässern auf. Und auch die Fischer der Heiltsuk würden bald zu ihren traditionellen Fischgründen fahren und dort Balken auf dem Wasser ausbringen, an denen sie Kelpwedel oder Tannenzweige befestigt hatten. Mit etwas Glück nutzten die Heringe diese Vorrichtungen, um dort ihren Rogen abzulegen und sich fortzupflanzen. Ganz im Gegensatz zur modernen Fischerei, die große Ringwadenfangboote einsetzt, die ganze Schwärme von Heringen einbringen, die dann getötet werden, um den ökonomisch interessanten Rogen zu gewinnen, ermöglicht diese traditionelle Fangmethode dem Hering das Ablaichen auf Jahre hinaus. Ich drosselte den Motor und spähte in das klare Wasser. Bald würde es sich milchig weiß verfärben, wenn die Heringe Milch und Rogen ins Wasser abgeben und sich dann die befruchteten Eier auf Seetang und anderen Algen festsetzen. Der Geruch dieses faszinierenden Ereignisses würde die Bären begrüßen, die nun aus ihren Winterhöhlen hervorkamen und die Wölfe, die aus den Bergen herabstiegen.

Ich wartete auf den Tagesanbruch; die Stille eines Frühlingsmorgens ruft ein intensives, tief unten in den Eingeweiden sitzendes Gefühl hervor, vielleicht weil es die Jahreszeit der Veränderung ist – der Winter ist vorbei, und ein neues, lebenspendendes Jahr hat begonnen –, ein Gefühl erhöhter Erwartung all dessen, was da kommen soll. Dieser Moment – wie er sich anfühlt, die Einsamkeit und das spektakuläre stahlgraue Licht – ist meine bevorzugte Zeit. Der Mond war noch immer voll, als er langsam im Westen verschwand und einen violetten Schimmer auf den schneebedeckten Gipfeln hinterließ, die den Dean Channel umgeben. Tags zuvor hatte ich Spuren am Lagerplatz des Fish Trap Pack entdeckt. Die Wölfe waren zu ihrer Wurfhöhle auf der Insel zurückgekehrt und würden bald vom Wald zum Wasser kommen, um die Fischeier zu fressen.

Das Fish Trap Pack

Ungefähr einen Monat später beobachtete ich acht Wölfe, die in einer Reihe hintereinander auf dem Pfad entlang dem Ufer vorüberglitten. Es war ein klassischer Wolfspfad, schmal und ausgetreten. Der Leitwolf und ein weiteres Tier scherten aus der Reihe aus und kamen heran, um einen Blick auf mich zu werfen. Ich saß an demselben Platz, an dem ich so viele Male zuvor gesessen hatte, unter einer mächtigen alten Rotzeder, und starrte reglos auf einen Baum neben mir. Er war bedeckt mit grauen, herabbaumelnden Rindenstreifen und grünen Bartflechten, und an seinen unteren Ästen hing Seegras, das von den Gezeiten herangespült worden war. Dieser Baum hatte schon lange vor der Landung der ersten Europäer in Nordamerika unzählige Gezeiten erlebt.

Irgendwo im Gewirr der Zweige über mir verstummten die Raben: Auch die anderen Wölfe mussten wohl in der Nähe haltgemacht haben. Das Alphamännchen beschnüffelte mit gesenktem Kopf, aber auf mich gerichteten Augen die Abdrücke meiner Stiefel unter dem Baum. Ich blickte zu Boden, sodass es meine Augen nicht sehen konnte. Der zweite Wolf beobachtete das Leittier genau und wartete auf seine Reaktion. Die Raben feuerten nun die Wölfe an wie einst die Römer die Gladiatoren: Sie warteten freudig erregt auf ihren Anteil an der nächsten Beute. Mit ihrer Anwesenheit verbreiteten sie eine gewisse Nervosität.

Das Wolfsoberhaupt überprüfte mich fast jeden Morgen. Es handelte sich um einen prachtvollen Wolf, den ich wegen der markanten weißen Streifen auf seinem breiten alten Gesicht »White Cheeks« (weiße Wangen) nannte. Die Farben seines Fells hatte er mit dem übrigen Rudel gemein: Ocker mit sepiafarbenen Sprenkeln an den Ohren und auf dem Rücken und schwarze sowie silberne Streifen entlang den Flanken. Er schien überprüfen zu wollen, ob ich alleine war und an meinem ordnungsgemäßen Platz. Drei Meter von mir entfernt sprang er schließlich behände die Böschung hinauf und schloss sich erneut ruhig seiner Familie an. Der zweite Wolf billigte sein Urteil über mich und folgte dem Rudel zum Bau. Einmal mehr hatten sie mir einen Status zuerkannt und meine Anwesenheit in ihrem Umkreis zugelassen.

Einer der Jährlinge trennte sich von seinen Geschwistern und kam in einem Bogen zu mir zurück, wobei er mit der Nase durch die dichten Salalbüsche stöberte. Es war Ernest. Er war jetzt ausgewachsen, hatte aber eine gewisse jugendliche Neugier und die leichte Tollpatschigkeit des Jährlings noch nicht verloren. Er schlich so nah an mich heran, dass ich das Innere seiner feuchten Nasenhöhlen sehen konnte, die sich weiteten und zusammenzogen, um all meine Gerüche aufzunehmen. Ernest und ich kannten uns gut. Ein kaum vernehmbares quiekendes, beinahe pfeifendes Geräusch vom Pfad her, gefolgt vom verhaltenen Bellen eines Alttieres aus weiterer Entfernung, ließ ihn schnell zu seinem Rudel zurückkehren. Ich hatte dieses Ritual auf dem Weg ins Lager während der letzten Wochen fast jeden Morgen erlebt, und dennoch begeisterte es mich immer wieder.

Trotz ihres Gesamtgewichts von an die 450 Kilogramm bewegten sich die Wölfe leise über die mit Rankenfüßern und Moos bedeckten Steine, wie Schatten des Regenwaldes. Kein Scharren oder Brechen eines Zweiges war zu hören. Sie kamen so nahe an mir vorüber, dass sie mich beinahe berührten. Während ich den Abdruck einer Pfote im Moos sah oder wie sich ein Heidelbeerbusch sachte bewegte, weil ein weiches Ohr ihn eben gestreift hatte, fühlte ich mich als Zeuge einer beeindruckenden Gegenwart.

Das Muttertier Urchin hatte ich schon seit einer Woche weder gesehen noch gehört. Es war das anmutige, starke Alphaweibchen, die Mutter der letzten vier Würfe des Fish Trap Pack. Nun sollte sie ihren fünften Wurf auf die Welt bringen. Als ich ihr über sieben Jahre zuvor zum ersten Mal begegnet war, hatte sie als Jährling ein kräftig braunes Fell mit roten Sprenkeln getragen. Aber mit dem Alter war das Fell silberfarben und weiß geworden. Erfahrenen Beobachtern ist es möglich, das Alter eines Wolfes anhand der grauen und silbernen Haare auf der Schnauze zu schätzen.

Ihre Abwesenheit konnte nur bedeuten, dass sie geworfen hatte. Urchin nutzte seit drei Jahren dieselbe Wurfhöhle, und ich fragte mich, wie viele Welpen sie wohl diesmal werfen würde. Sie hatte im Durchschnitt fünf Junge geboren, und bemerkenswerterweise hatten alle bis zum Herbst überlebt. Obwohl es Belege dafür gibt, dass in einem Rudel mehrere Wölfinnen Welpen austragen, ist dies in abgeschiedenen Wolfspopulationen ein seltenes Phänomen, das ich weder bei diesem noch bei einem anderen Rudel beobachtet habe.

Von meinem Aussichtspunkt aus konnte ich die ersten hundert Meter flussaufwärts gut überblicken. Zwei Wölfe bezogen zu beiden Seiten des Flusses Stellung. Es handelte sich um Brüder aus demselben Wurf und ich nannte sie die »Sentries« (Wachposten). Aus der Entfernung waren sie schwer zu unterscheiden, aber einer hatte eine unverwechselbare sensenförmige Narbe auf einer Seite der Schnauze.

Die beiden waren nun in den besten Jahren. Schon als Welpen vier Jahre zuvor waren sie sehr ernsthafte Tiere gewesen. Das Beziehen der strategischen Positionen am Flussufer gehörte zu ihrem Morgenritual; nichts und niemand gelangte ohne ihr Wissen in das Tal oder aus ihm heraus. Meine Anwesenheit duldeten sie zwar, aber sie schienen die distanziertesten Mitglieder des Rudels zu sein.

Die Gezeiten hatten gewechselt, und das Wasser begann wieder zu steigen. Bald würde es das alte steinerne Fischwehr bedecken, das Ahnen der Heiltsuk errichtet hatten und das die Wölfe im Herbst zum Lachsfang nutzen. Vier Kanadakraniche bewegten sich langsam und lautlos unter den ausladenden Zweigen an den oberen Ausläufern der Tidengrenze. Wenn diese geselligen Vögel nicht ihre üblichen rasselnden Lockrufe ertönen lassen, ist das ein Zeichen, dass die Wölfe Nachwuchs bekommen. Auch die Wölfe selbst werden in dieser Jahreszeit still – nicht nur dieses Rudel, sondern alle Wolfsrudel entlang der Küste. Sie verhalten sich jetzt auch vorsichtiger und reagieren auf Eindringlinge nur selten mit Geheul, sondern beobachten sie misstrauisch aus der schützenden Dunkelheit des Waldes. Nur in dieser Zeit des Jahres ähneln die aggressiven Spitzenprädatoren eher introvertierten Gesellen. Es ist eine Überlebensstrategie, die sich nicht nur für die Küstenwölfe, sondern auch für viele andere Spezies bewährt hat, wenn sie ihre Jungen umsorgen. Es war die Zeit der Heimlichkeit, in der alle Aufmerksamkeit des Familienverbands der Sorge um den Nachwuchs galt.

Statt die Tage mit Geheul, Spiel und Umherstreifen zu verbringen, verwandten die Wölfe nun ihre Energie darauf, der Mutter und ihren neugeborenen Welpen Schutz und Nahrung zu verschaffen. Jedes Rudelmitglied war diesem Ziel verpflichtet. Sollte auch nur ein Tier einen Fehler begehen, so konnte dies die Entdeckung der Wurfhöhle und die Gefährdung einer ganzen Generation zur Folge haben.

Wölfe wählen für ihre Wurfhöhlen Plätze im Zentrum des Stammreviers, wo die Wahrscheinlichkeit eines Zusammentreffens mit anderen Rudeln gering ist und vielfältige sowie leicht zugängliche Nahrungsquellen vorhanden sind, sodass sie in der Nähe des Lagers bleiben können. Der Bau des Fish Trap Pack befand sich in einem schmalen, von steilen Hängen umgebenen Tal nahe einem kleinen See. Niemand konnte das Tal unbemerkt betreten oder verlassen. Tief unter die Wurzel einer mächtigen Rotzeder gegrabene Gänge hielten die Wölfe trocken.

Die Welpen würden drei Wochen nach der Geburt die Höhle zum ersten Mal verlassen und schon im Herbst mit dem Rudel umherstreifen. Bis dahin war die Familie aufgrund der Ortsgebundenheit leicht angreifbar. Und da Kämpfe stets gefährlich sind, würde das Rudel alles tun, um Konflikte zu vermeiden. Angesichts dieses Wissens empfand ich eine noch größere Dankbarkeit dafür, hier geduldet zu werden. Obwohl ich bereits viele Male bei ihrem Bau war, wollte ich mich jetzt von dort fernhalten, um sie nicht zu vertreiben. Die Welpen waren noch zu jung, und das Lager war äußerst wichtig für die Wölfe: Sie zu nötigen, die neugeborenen Welpen an einen anderen Ort zu bringen, hieße sie zu gefährden.

Durch mein Fernglas sah ich kurz »Three Legs« (Drei-Beine) – oder TL – am Waldrand auftauchen. Sie starrte einen Augenblick in meine Richtung und suchte dann das übrige Mündungsgebiet ab. Vor einigen Jahren hatte TL an ihrem linken Hinterbein, knapp oberhalb des Knies, einen komplizierten Bruch erlitten, der wahrscheinlich von einer unbeabsichtigten Begegnung mit dem Huf eines Hirsches oder einem Scharmützel mit einem Bären herrührte. Ich glaube nicht, dass es sich um eine Schussverletzung gehandelt hatte, denn sonst hätte sie sich mir gegenüber nicht so zutraulich verhalten. Das Bein war verkümmert und baumelte nun als nutzloser Fortsatz schlaff unter ihrer Hüfte.

Ein russisches Sprichwort sagt: »Den Wolf ernähren seine Pfoten«. Demnach könnte man meinen, dass TL bei der Nahrungsbeschaffung erheblich im Nachteil war. Doch wie Menschen und eine Handvoll weiterer Arten mit einer hoch entwickelten Sozialordnung, sind Wölfe zu Zusammenarbeit und Arbeitsteilung in der Lage.

Ich hatte TL erstmals hier in diesem Wassereinzugsgebiet gesehen, bereits mit gebrochenem Bein; seitdem waren fünf Jahre, das durchschnittliche Lebensalter eines Wolfes, vergangen. Obwohl Wölfe in der Wildnis ein Alter von über zehn Jahren erreichen können, wenn sie nicht bejagt werden, sterben die meisten, bevor sie fünf Jahre alt sind, wie L. David Mech in seinem Buch *The Way of the Wolf* darlegt. Statistisch gesehen hatte TL also selbst mit vier Beinen geringe Chancen gehabt, so lange zu leben. Aber an diesem Tag wirkte sie gesund und wohlgenährt, und selbst wenn sie über eines der unwegsamsten Terrains der Erde tapsen musste, war ich überzeugt, dass sie gerade dieser Umwelt mit dem reichen Nahrungsangebot und der verhältnismäßig geringen Verfolgung durch den Menschen ihr Überleben verdankte.

Nach ihrem Beinbruch erhielt sie eine Sonderaufgabe und wurde zur designierten Welpensitterin, während das übrige Rudel auf Jagd war, und sie ist es bis heute geblieben. Dieses Jahr sollte sie den vierten Wurf betreuen. Als Vorbild und Hüterin ließ TL den Welpen die nötige Freiheit, um die Welt kennenzulernen, aber gleichzeitig würde es keinem herumstreifenden Bären oder einem Menschen gelingen, zu den Welpen vorzudringen, solange sie wachte. Ich musste mich all die Jahre von meiner besten Seite zeigen, um allmählich ihr Vertrauen zu gewinnen.

Es war unglaublich, dass es dem Rudel gelang, sich zur Geburt der Welpen innerhalb der gleichen Woche des gleichen Monats wieder an demselben Ort einzufinden wie in den vorangegangenen drei Jahren. Denn das Revier des Fish Trap Pack umfasst gut 150 Quadratkilometer im Herzen des Heiltsuk-Gebiets und besteht aus Bergen und zahlreichen Inseln mit Wäldern aus Rotzedern, Zypressen, Hemlocktannen und Eiben. In den fruchtbaren, feuchten Ebenen um die Seen und Flussmündungen dominieren hohe Sitka-Fichten mit silbergrauer Rinde den Baumbestand. Steile Granitfelsen ragen aus dem Regenwald hervor, und am Fuße dieser Klippen befinden sich Höhlen, in denen Ahnen der Heiltsuk noch immer auf hölzernen Podesten ruhen. Die Wölfe nutzen diese Höhlen als Winterquartier.

Drei Hauptinseln bilden das Kernrevier, umgeben von zehn kleineren Nachbarinseln. Ich habe die Wölfe auf der Suche nach Beute oft von einer Insel zur nächsten schwimmen sehen. Im Herbst liefern zehn Flüsse, in denen Lachse laichen, einen wesentlichen Teil ihrer Nahrung, doch das Revier beheimatet ebenfalls einen reichen Bestand an Bibern, Fischottern, Schwarzbären und Wasservögeln. Drei Felsen dienen den Seehunden als Ruheplätze.

Die Heiltsuk bezeichnen das Kernrevier des Fish Trap Pack als »das Tor«: Es bildet den Zugang zu vielen ihrer traditionellen Winterquartiere und Kulthäuser und ist einer der wenigen Orte auf der Welt, wo man, so weit das Auge reicht, über uralten Regenwald blicken kann – eine Aussicht, die sich in den letzten 5000 Jahren nicht verändert hat. Es ist nahezu ein Wunder, dass er noch existiert in Anbetracht dessen, was den übrigen Urwäldern widerfahren ist.

Während die Europäer weiter nach Westen zogen und dabei nach Kräften Wölfe und Grizzlybären ausrotteten und die Prärie von den Büffeln säuberten sowie von all den Tieren, die von den einstmals riesigen Herden abhingen, führten die Regenwaldwölfe weiterhin ein relativ ungestörtes Leben.

Alexander Mackenzie hatte gerade seine historische Durchquerung Kanadas abgeschlossen, und der Beginn des Pelzhandels ging Captain George Vancouvers Expedition nur wenige Jahre voraus. Die beiden Entdecker verpassten einander im Herzen der Heiltsuk- und Nuxalk-Territorien um sechs Wochen.

Mackenzie folgte dem Bella-Coola-Tal hinab zur See, die er 1793 erreichte; mit der Hilfe des Bella-Coola-Stamms schiffte sich seine Expedition per Kanu auf die Reise zum Pazifik ein. Als die Entdecker vom Bella Coola River zum Dean Channel unterwegs waren, versperrten Krieger der Heiltsuk ihnen den Zugang zum offenen Meer. Allem Anschein nach hatten die Reisenden einige Frauen aus dem Stamme der Heiltsuk in einer Weise behandelt, die Anlass für Streitigkeit war.

Mackenzie und seine Männer waren über ein Jahr lang quer durch ganz Kanada sicher durch Hunderte verschiedener Stammesgebiete gereist, nur um weniger als eine Tagesetappe vor ihrem Ziel aufgehalten zu werden – den offenen Pazifik zu sehen. Die Rückreise muss hart gewesen sein.

Den Westküstenindianern fiel immer wieder auf, wie stark die Europäer in ihren großen Schiffen rochen. Der fremdartige Gestank von 70 Männern, die seit zwei Jahren nicht mehr gebadet hatten, blieb den Regenwaldwölfen sicherlich ebenfalls nicht verborgen.

George Vancouver hatte auf seiner Entdeckungsreise ein ähnlich frustrierendes Erlebnis. Man hatte ihm den sinnlosen und nachgerade törichten Auftrag erteilt, die Nordwestpassage zu finden und zu kartieren. Ich habe mir immer schon gedacht, dass die Entdecker nur die Eingeborenen hätten fragen müssen, wo sie denn nach der Nordwestpassage suchen müssen, um sich die Unmenge Blasen zu ersparen, die sie sich beim Abrudern aller in Sackgassen endenden Kanäle zwischen Vancouver und Alaska zuzogen.

Obwohl beide Entdecker klare Zielvorgaben für ihre Reisen hatten, erwartete man doch auch von ihnen, dass sie der Krone sobald als möglich über jegliche Reichtümer berichteten, die auszubeuten sich lohnen würde. Abgesehen von Vancouvers Berichten über den Seeotter äußerten sich beide in ziemlich trostlosen Superlativen über den Küstenregenwald, unter anderem: »von Gott verlassen, neblig, heidnisch, nass, düster, trügerisch, unwirtlich ...« Ihre Beschreibungen lockten nicht gerade Massen neuer Siedler an, ganz anders als die Schilderungen anderer Teile des Westens von Nordamerika. Sie trugen vielmehr dazu bei, die notwendige Pufferzone zwischen dem Regenwaldwolf und den Europäern aufrechtzuerhalten, die den Wolf verunglimpften. Die Wölfe der mittleren Küste des heutigen British Columbia blieben deshalb von den Folgen der Besiedelung verschont, die letztlich dafür verantwortlich war, dass der Wolf im größten Teil Nordamerikas ausgerottet wurde.

Die ersten Siedler brachten den Hass auf den Wolf schon mit. Im angelsächsischen Europa war der Januar, der *Wolfsmonat*, dem Erlegen von Wölfen gewidmet. In Dänemark wurde der letzte Wolf 1772 getötet, in Irland 1821, in Bayern 1847, in Britannien und Schottland 1848. Was Kanada angeht, so wurde in New Brunswick der letzte Wolf 1880 getötet, in Neufundland 1913. 1926 verschwand der Büffelwolf aus den Great Plains. In Texas, Washington, Colorado und Wyoming wurde der Wolf spätestens in den 1940er Jahren ausgerottet.

Der Regenwaldwolf hatte verglichen mit seinem kontinentalen Vetter aus mehreren Gründen einen klaren Vorteil beim Zusammentreffen mit seinem menschlichen Widersacher. Zum Ersten boten die starken Niederschläge, die ausgelaugten und sauren Böden und das ungünstige Terrain denkbar schlechte Bedingungen für die Viehzucht; die Wölfe bekamen es deshalb nicht mit der agrarischen Mentalität zu tun, die sich über die nordamerikanischen Ebenen ausbreitete.

Die menschliche Besiedlung, etwa um Konservenfabriken oder Papiermühlen herum, hielt sich, von den Indianerdörfern einmal abgesehen, an die Küstenlinie und nutzte für den Transport ausschließlich den Ozean. Ein großer Teil des Wolf-Habitats wurde deshalb nicht in dem Ausmaß wie anderswo mit Straßen erschlossen, durch Brandrodung in Farmland umgewandelt oder abgeweidet. Auch heute noch stoßen selbst die entschlossensten Versuche, den großen Regenwald abzuholzen, auf Widerstand. Dieser Regenwald ist wahrscheinlich das Gebiet auf der Erde, das den herkömmlichen Einschlagmethoden am meisten widersteht, weshalb heutzutage häufig Hubschrauber eingesetzt werden, um gefällte Bäume abzutransportieren.

Die Wolfsrudel, die das Pech hatten, nahe an den bevölkerten Gebieten zu leben, hatten sicherlich zu leiden, aber ihre Mortalitätsraten waren wesentlich niedriger als die der Wölfe in anderen Teilen des Kontinents, niedrig genug jedenfalls, um sie von einem evolutionären oder genetischen Standpunkt aus unverändert zu lassen.

Zum Zweiten trugen die Küstenwölfe aufgrund des milden maritimen Klimas während des Großteils des Jahres nicht das dicke, dichte Fell, das bei den Pelzhändlern nachgefragt wurde.

Die meisten Leute, die einen Küstenwolf im Sommer oder Frühherbst sehen, glauben sogar, dass er Hunger leide. Wenn sie den gleichen Wolf jedoch ein paar Monate später im vollen Winterfell sehen, beschreiben sie ihn als riesig oder als den größten Wolf, den sie jemals gesehen haben.

Die letzten Nebelschwaden des Tages hingen noch in den nördlichen Talsohlen. Bald würden sie sich auflösen und der Sonne den Weg frei machen. Eine Stunde verging, und nichts regte sich; selbst die Möwen, Adler und Raben, die den ganzen Morgen über in der Bucht Heringe gefressen hatten, waren verschwunden. Die Wölfe waren in der Wurfhöhle und würden dort den Rest des Tages bleiben. Nach dem kühlen Nebel tat die Sonne gut, und ihre Strahlen wärmten meinen Sitzplatz auf dem Felsen.

Das Dröhnen eines Außenbordmotors kündigte die baldige Ankunft der Forscher des Küstenwolfprojekts, Chris Darimont und Chester Starr, an. Ich durchquerte das Mündungsgebiet, als das Boot in die Bucht fuhr. Chris suchte bereits das Ufer ab und sah all die Spuren.

»Viel los gewesen?«, fragte er.

»Und wie«, antwortete ich. »Alle waren da, und es sah so aus, als ob sie im Süden Beute gemacht hätten – zumindest kamen sie heute Morgen satt aus dieser Richtung.«

Chester holte eine Zigarette hervor und grinste zahnlos, sagte aber nichts. Ich wusste, dass Chris sich für mich freute, doch auch, dass er wünschte, selbst hier gewesen zu sein, an einem solch besonderen Morgen und vor allem derart früh im Jahr; die Seggen standen kaum kniehoch, und die Tage wurden immer noch länger.

Chester und Chris teilten sich das Ästuar, die trichterförmige Flussmündung, auf und gingen mit der Sammelausrüstung in der Hand an ihre Forschungsarbeit. Als ich meine Filme sortierte, freute ich mich über die morgendlichen Aufnahmen. Im Laufe der Jahre war ich unzählige Male frühmorgens auf den Beinen gewesen, ohne auch nur ein Foto zu schießen. Die Fotografie war nicht der einzige Grund, weshalb ich hier draußen war, aber dennoch konnte es etwas frustrierend sein, ohne Bilder zurückzukehren.

Ich konnte Chester und Chris flussaufwärts bei der Arbeit sehen. Chester, auch bekannt unter dem Namen »Lone Wolf« – der einsame Wolf –, war gerade 50 geworden. Chris war um einiges jünger als Chesters ältester Sohn, das heißt, die beiden Männer trennte altersmäßig mehr als eine Generation. Hier draußen waren sie allerdings wie Brüder, und ihr extrem unterschiedlicher Werdegang spielte keine Rolle. Ich habe nie erlebt, dass einer die Einschätzung des anderen infrage gestellt hätte, wenn es um Wölfe ging.

In vielerlei Hinsicht stellten sie eine Fusion von westlicher Wissenschaft und traditionellem Wissen dar. Chris ist einer der brillantesten und engagiertesten Wissenschaftler, die ich kenne. Seine akribische Detailgenauigkeit machte mich nervös. Ob im Labor oder hier draußen, alles wurde in seinem regenfesten Notizbuch vermerkt, und Chris validierte alle seine Ergebnisse mit Auswertungen aus wissenschaftlichen Berichten, die von Experten überprüft waren.

Lone Wolf dagegen holte sein Notizbuch nur selten hervor. Und er war ein Mann weniger Worte. Chesters Familie bestand teils aus Kitasoo aus dem Dorf Klemtu und teils aus Heiltsuk aus Waglisla. Als ich erstmals in Waglisla herumfragte, wer interessiert sein könnte, an einer Feldstudie im Rahmen des Wolfsforschungsprojekts mitzuarbeiten, verwies mich jeder auf den leise sprechenden Naturburschen, Fährtensucher und ausgebildeten Archäologen, der gerne allein unterwegs war.

Für gewöhnlich notierte er nur das Notwendigste. Gemäß seiner indianischen Tradition verließ man sich bei der Wissensübermittlung letzten Endes auf die mündliche Weitergabe. Schriftliche Protokolle waren ein fremdartiges Konstrukt, aber er blieb geduldig angesichts all der Forderungen nach Aufzeichnungen, die Chris stellte. Und wie Chris gestand, waren Chesters Notizen tatsächlich die detailliertesten aller Forscher und zeigten oftmals Einzelheiten auf, die anderen entgangen waren.

Chris' gelbes Notizbuch füllte sich rasch mit Daten.

Chester arbeitete im Jetzt, nahm alles in sich auf und kam dann darauf zu sprechen, wenn er flussaufwärts Chris traf: die Knochen eines Hirsches, den Wölfe kürzlich erlegt hatten, ein Rotlachs, der sich seltsamerweise zwischen lauter Buckellachsen befand, der geebnete Boden eines alten Dorfgeländes oder eine alte Zeder, aus der man vor langer Zeit eine Planke für den Bau eines Big House entfernt hatte, und ähnliche Dinge, an denen ein gleichgültiger Beobachter unzählige Male vorübergehen könnte.

»Es ist ein wenig wie mein Zuhause«, sagte Chester, als ich ihn fragte, was er von der Schreibarbeit hielt. »Ich merke mir so ziemlich alles, was ich sehe. Und wenn ich es vergesse, dann fahre ich einfach wieder mit dem Boot hinaus, und schon fällt es mir wieder auf.«

Ich verstand, was er meinte: Es wäre seltsam für mich, plötzlich nach dem Aufwachen zu beginnen, alles, was in meinem eigenen Haus passierte, zu dokumentieren. Wir zeichnen eher das auf, was uns fremd ist. Das traditionelle ökologische Wissen und die westliche Wissenschaft ergänzen sich. Laut Chris konnten sie sogar synergetisch sein, also durch Verknüpfung zu weiter reichenden Ergebnissen führen als erwartet, und er fügte hinzu, dass Chesters Blickwinkel sein eigenes Denken katalysiert habe.

Die Parallelen in den Erkenntnissen, welche die beiden Ansätze hervorbringen, sind faszinierend. So glauben die Heiltsuk, dass in ihrem traditionellen Gebiet zwei Wolfsarten beheimatet sind: der Timberwolf der Wassereinzugsgebiete auf dem Festland und der kleinere Küstenwolf, den man stärker mit den Inseln in Verbindung bringt. Chris und ich lehnten diese Vorstellung zwar nicht gänzlich ab, aber wir waren skeptisch, ob zwei Subspezies so dicht beieinander leben konnten. Und wie wollte Chester die beiden überhaupt unterscheiden, insbesondere von einem Boot aus in einem Kanal von einem Kilometer Breite?

Wie sich herausstellte, hinkte unsere Skepsis der Realität nur ein paar Jahrtausende hinterher. Genetische und ökologische Forschungsergebnisse belegen heute, dass es hier in der Tat zwei Unterarten des Wolfes gibt, Festland- und Inselwölfe. Manche Unterscheidungsmerkmale wie die Ernährung sind offensichtlich: Die Festlandwölfe haben Zugriff auf Bergziegen und Elche, während für die Inselwölfe eher Lachs, Seehund und gelegentlich ein gestrandeter Wal oder Seelöwe die gängigen Nahrungsquellen sind. Andere Unterschiede offenbarten sich erst nach Untersuchung von genetischen Proben, und die Ergebnisse waren verblüffend.

Das Forschungsteam sammelte umfangreiche Proben von sechs Rudeln aus der Gegend um Bella Bella, wobei Festland- wie Inselwölfe gleich stark vertreten waren. Man fand heraus, dass unabhängig von der Entfernung zwischen Vertretern der beiden Unterarten die Inselrudel in engerer Verbindung zu anderen Inselrudeln als zu Festlandsrudeln standen und umgekehrt. Das macht Sinn, denn weshalb sollte ein junger Wolf, der auf einer Insel geboren und das dortige Leben und Nahrungsangebot gewohnt war, auf das Festland ziehen? Wahrscheinlicher ist, dass er sich ein unbesetztes Revier auf einer anderen Insel sucht.

Im Laufe der Zeit haben sich diese Wölfe genetisch und höchstwahrscheinlich auch morphologisch auseinanderentwickelt. Lone Wolf hatte es immer schon gewusst: Es gab hier Timberwölfe und Küstenwölfe.

Die Geschichte der Regenwaldwölfe ist so spekulativ wie ihre Zukunft. Die breiteste Zustimmung erfährt die Theorie, dass Wölfe den Hirschen des nordamerikanischen Kontinents nach Norden folgten, als sich vor etwa 10 000 Jahren die Wisconsin-Gletscher zurückzogen – eine Vermutung, die sich maßgeblich auf die Hypothese stützt, dass Hirsche die primären Beutetiere der Wölfe waren und die gesamte Küste mit Eis bedeckt war.

Wenn aber einige Randinseln den Wölfen eisfreie Refugien boten? Überreste von Grizzlybären, die auf dem Prince of Wales Island im südöstlichen Alaska gefunden wurden, sind älter als 35 000 Jahre und stammen somit aus einer Zeit vor der letzten Vergletscherung. Dr. Tom Reimchen von der University of Victoria und andere Wissenschaftler konnten unterschiedliche Abstammungslinien von Küsten- und Festlandschwarzbären bestimmen, die womöglich seit 360 000 Jahren voneinander getrennt sind, was eine geografische Isolation nahelegt, wie es sie auf eisfreien Refugien an der Küste gegeben haben mag. Auch das eisgraue Murmeltier, die Ringelrobbe, der Stellersche Seelöwe, der Rotfuchs und selbst eine gesonderte genetische Abstammungslinie des Rotlachses wurden mit solchen Refugien assoziiert – all dies sind potenzielle Beutetiere des Wolfes.

Es bleibt abzuwarten, ob die Forschung den Beweis dafür erbringt, dass Wölfe während der Vergletscherung in dieser Gegend lebten und somit schon sehr viel länger in der marinen Umwelt zu Hause sind als bislang vermutet.

Als die vormittägliche Hitze an der Flussmündung ihren Höchststand erreichte, zogen Chris und Chester weiter nach oben an den Waldrand. Sie nahmen Proben von frischem Wolfskot, die sie in mit Ethanol gefüllten Plastikfläschchen aufbewahrten, die dann für Genanalysen an unterschiedliche Orte versandt werden, manche an die University of Los Angeles, andere an die Universität von Uppsala. Dort würden Wissenschaftler die DNA aus Zellen extrahieren, die sich aus dem Verdauungstrakt gelöst haben. Neben der Unterscheidung von Festland- und Inselwölfen konnten anhand der DNA die einzelnen Tiere identifiziert werden.

In Verbindung mit den Informationen über Fundort und -zeit der Proben sind die Forscher in der Lage zu bestimmen, wo die Grenzlinie zwischen den Revieren benachbarter Rudel verläuft und auf welche Weise Wanderungen der Rudel von Bergketten oder dem Meer, von Nahrungsangebot und Jahreszeit beeinflusst werden. Im Wesentlichen kann alles, was man über die Wanderungen der Wölfe wissen möchte, anhand des Inhalts dieser kleinen Plastikfläschchen herausgefunden werden.

Die DNA-Analyse konnte auch – wie Reimchens Arbeit über Bären gezeigt hatte – Aufschluss über die Evolutionsgeschichte der Regenwaldwölfe geben. Im genetischen Code einzelner Tiere treten im Laufe der Zeit subtile Veränderungen oder Mutationen auf, und diese sind dort für immer festgeschrieben, auch wenn die Individuen ihre Gene weitergeben. Jede Version dieses Codes mit seinen unterschiedlichen individuellen Markern nennt man Haplotyp. Haplotypen von Angehörigen eng verwandter Populationen werden größere Ähnlichkeiten aufweisen als jene von nur entfernt verwandten. Mit anderen Worten: Die Forscher vergleichen das Profil im Hinblick auf Anzahl und Frequenzen von Haplotypen verschiedener Populationen, um herauszufinden, wie sie sich vermischt haben. Da Gene weitergegeben werden, erbt der Nachwuchs die Haplotypen der Eltern, und den Forschern ist es dadurch möglich, einen Stammbaum der Arten zu erstellen. Das funktioniert, weil die Übertragung genetischen Materials einen Marker bereitstellt, mit dem sich genetische Vergangenheiten rekonstruieren lassen. Insbesondere wenn eine Population isoliert lebt und sich nicht mit anderen Beständen kreuzt, wird sie ein Profil aufweisen, das sich in Anzahl und Frequenzen der Haplotypen unterscheidet. Wenn die Haplotypen der Wölfe eines Gebiets in Art und Frequenz denen einer entfernt lebenden Population ähneln, dann könnte man daraus auf eine ähnliche Evolutionsgeschichte schließen.

Das kann jedoch an der Küste nicht festgestellt werden: Regenwaldwölfe haben manche Haplotypen mit ihren Verwandten im Binnenland gemein, aber sie weisen auch viele Haplotypen auf, die Binnenlandwölfe nicht haben.

Die einzigartigen Haplotypen existieren, weil Küstenwölfe von den Wölfen im Landesinneren isoliert leben und sich nicht mit ihnen gekreuzt haben. Folglich konnten gesonderte genetische Identitäten entstehen. Ein weiterer Grund für die Andersartigkeit des Küstenwolfes ist dem Umstand zu verdanken, dass der Regenwald von British Columbia der einzige verbliebene Ort in Nordamerika ist, an dem Menschen keinen signifikanten Einfluss auf die neuere Evolutionsgeschichte der Wölfe hatten. Überall sonst haben Menschen Wölfe in einem solchen Umfang getötet, dass ein Großteil der einstigen genetischen Vielfalt der Tiere ausgelöscht wurde. Und eben diese genetische Vielfalt könnte das zukünftige Überleben der Wölfe retten, insbesondere im Hinblick auf neue Krankheiten oder den Klimawandel.

Chester und Chris packen eine weitere Kotprobe in eine Tüte, die zur Nahrungsanalyse an die University of Victoria geschickt wird. Dort wird die Probe zunächst in einem Sterilisator erhitzt, um potenziell schädliche Parasiten abzutöten, und anschließend wird die Biologin Johanna Gordon-Walker mühsam den getrockneten Kot sichten und jede Feder, jedes Haar und jeden Knochen identifizieren. Sie war mittlerweile eine Expertin in der Beschreibung der Unterschiede zwischen dem Fell von Seehund, Seelöwe, Flussotter, Biber, Mink, Hirsch, Maus und Bergziege.

Weitere Kotproben wurden an die Veterinärpathologen

der Universität von Saskatchewan gesandt, um sie auf mögliche Krankheiten hin zu überprüfen. Die Übertragung von Krankheiten durch Haushunde in Dörfern oder Rodungsgebieten stellt eine ernste Bedrohung für die Küstenwölfe dar. Selbst Zugvögel, die an den Mündungsgebieten rasten, schleppen möglicherweise neue Erreger ein, beispielsweise von einer Schweinefarm im Süden der Vereinigten Staaten. Für die isoliert lebenden Wölfe könnte dies verheerend sein.

Chris und Lone Wolf sammelten nicht nur Kot: Ebenso wie Hunde verlieren Wölfe im Frühjahr ihr Winterfell. Also hat das Forschungsteam an den Wolfspfaden Haarkollektoren aus Stacheldraht aufgestellt. Das Fell liefert in vielerlei Hinsicht bessere Erkenntnisse über die Ernährungsgewohnheiten als tausend Kotproben. Chris kann anhand der Anzahl mariner Isotope feststellen, ob ein Wolf auf Nahrung aus dem Meer oder auf Landbeutetiere spezialisiert ist.

Gemeinsam bildeten Chris und Chester gewissermaßen das forensische Aufräumteam des *Canis lupus*, das ein genaues Bild aller Aktivitäten des Fish Trap Pack während der letzten Wochen oder eines längeren Zeitraums zeichnete. Neben der Verknüpfung von Tradition und Wissenschaft zeichnete sich ihre Arbeit durch eine bemerkenswerte Verbindung von Naturgeschichte und moderner Laborarbeit aus. Das Schöne daran war, dass hierbei kein Wolf berührt, belästigt oder verletzt wurde. Ein Forscher oder Labortechniker muss einen Wolf ja nicht einmal zu Gesicht bekommen.

Bis Ende 2006 hatten sie mehr als 4000 Kotproben gesammelt, über 5000 Kilometer Transsekte zu Fuß abgelaufen – erdachte Linien, anhand derer Untersuchungen durchgeführt werden. Mehr als 1200 Fellproben von Wölfen und Beutetieren wurden zusammengetragen und 33 Wurfhöhlen zwischen Knight Inlet und dem Alaska Panhandle lokalisiert. Chris hatte ein Dutzend Gummistiefel verschlissen und über 100 Notizbücher gefüllt.

Ich war neidisch auf die Zeit, die Chris und Chester gemeinsam verbrachten. Mein Leben als Fotograf und Beobachter ist zwangsläufig einsam. Wölfe mögen es nicht besonders, wenn sich mehr als eine Person gleichzeitig in ihrer Umgebung aufhält. Mehr Menschen bedeutet auch mehr Lärm, mehr Gerüche, mehr Probleme: Wie beim Trampen hat man bessere Erfolgschancen, wenn man allein ist.

Die Tide hatte mittlerweile das Ästuar überspült, und ich machte mich mit Chester und Chris auf zur Don Peninsula, denn ich hatte gehört, dass dort das »Village Pack« – das Dorfrudel – seine Wurfhöhle hatte.

Das Village Pack

Der Kot war noch frisch. Ich konnte ihn riechen, während ich den Wolfspfad entlangging. Als ich anhielt und den Boden absuchte, entdeckte ich ihn schließlich direkt am unteren Ende eines Stammes. Wie hatte sich der Wolf nur hingestellt, dass er ihn hier platzieren konnte? Wolfskot findet man oft an seltsamen Plätzen – auf einem Baumstumpf oder Felsen, an einer Biegung des Pfads oder auf einem Berggipfel –, an jeder exponierten Stelle, an der die Markierung wahrgenommen und ihre Wirkung noch verstärkt wird. Wölfe haben Analdrüsen, gefüllt mit Hormonen und anderen Signalstoffen, und Kot ist das wichtigste der vielen Hilfsmittel zur Reviermarkierung, weshalb er klar bemerkbar sein muss.

Das Moos um den Fuß des Baumes wies auch zahlreiche gelbgrüne Urinflecken auf. Es handelte sich ganz offensichtlich um einen Markierungspunkt. Hinter dem Baum fand ich weiteren frischen Kot, obwohl zwei frische Markierungen an derselben Stelle eher ungewöhnlich sind. Diese Entdeckung in Verbindung mit dem strengen Geruch sagte mir, dass das Wolfslager ganz in der Nähe sein musste.

Ich hörte Gudrun Pflüger und Chester über VHF-Funk miteinander reden, also drehte ich den Ton auf ein dumpfes Murmeln herunter. Gudrun, auch Goody genannt, redete wie immer sehr schnell. Die Worte sprudelten nur so aus ihr heraus. Lone Wolf gelang es nur ab und an, eine Erwiderung anzubringen. Goody hatte während drei Beobachtungszeiträumen an dem Forschungsprojekt mitgearbeitet. Die Österreicherin und mehrfache Weltmeisterin im Berglauf kam der Ausdauer der Wölfe so nahe, wie es einem Menschen überhaupt möglich ist. Bei dieser nichtinvasiven Studie, die lange Fußmärsche unabdingbar machte, erwies sie sich als eine unersetzliche Forscherin. Sie legte extreme Strecken zurück, ohne in Schweiß auszubrechen, und sie konnte mit ziemlich schwerem Gepäck joggen und nebenher mühelos weiterplaudern, als säße sie in einem Café.

Aufgrund ihrer Ausdauer wurden Goody oft die anspruchsvollsten Wolfstranssekte auf den Inseln zugeteilt, insbesondere bei den schwierigeren Erhebungen über Hirschpopulationen. Diese Transsekte wurden ohne Rücksicht auf landschaftliche Gegebenheiten so gewählt, dass man entlang eines geradlinigen Kompasskurses Hirschlosungen zählen konnte. Der Weg führte die Forscher durch ein Labyrinth aus Gestrüpp, Igelkraftwurz, Lachsbeeren und vielen anderen dornigen Sträuchern. Anhand der gezählten Losungen schätzten die Forscher die Bestandsdichte der Schwarzwedelhirsche, der Hauptbeutetiere der Wölfe, insbesondere während des Winters. Nur wenige Menschen hatten so viele Gipfel der mittleren Coast Mountains bestiegen wie Goody, und bestimmt hat keiner von ihnen währenddessen mit einer solchen Freude nach Wolfs- und Hirschkot Ausschau gehalten.

Seit dem Morgen hatten wir eine ordentliche Strecke zurückgelegt, und ich wusste vom Mithören des Funkverkehrs, dass sich auch der Rest der Mannschaft dem Wolfsbau näherte. Wölfe sind verschlossene Tiere, und nichts halten sie sorgfältiger geheim als ihre Wurfhöhlen. Manchmal habe ich ein Flusssystem unzählige Male kreuz und quer abgesucht, wohl wissend, dass ich ganz in der Nähe war, aber es gelang mir nicht, den Bau zu lokalisieren. Wölfe können sehr schwer zu finden sein, aber wenn sie hungrige heranwachsende Welpen füttern müssen, sind die Pfade bald ausgetreten. Und mittlerweile erkenne ich typische Merkmale: Der Ort muss Schutz vor dem vorherrschenden Südostwind und Zugang zu Süßwasser bieten. Er muss fernab von allem, was mit dem Menschen zu tun hat, und im Herzen des Stammreviers liegen. Normalerweise gelingt es mir mittlerweile, einen Bau nach zwei oder drei Tagen aufzuspüren.

Ich ging in die Hocke, um den Kot näher zu inspizieren. Er enthielt vor allem Fleisch und etwas, das nach Hirschfell aussah, sowie spitze Knochensplitter. Ich stocherte mit einem Zweig darin herum und entdeckte den kleinen Huf eines Kitzes. Als ich den Fuß des Baumes betrachtete, wurde mir plötzlich bewusst, dass es sich um einen Eckpfosten handelte und dass sich der Wolfsbau unter den Überresten eines Big House befand, das Teil eines einstigen weitläufigen Dorfes der Heiltsuk war. Das Dorf musste sich früher den Strand entlang nach Norden erstreckt haben. So weit ich blicken konnte, standen überall an der Küste Eckpfosten in unterschiedlichen Stadien des Verfalls.

Die Querbalken waren schon lange herabgefallen und lagen zwischen abgestorbenem Holz, auf dem bereits wieder Bäume sprossen, und einem Flechtwerk aus Wurzeln. Hohe Sitka-Fichten wuchsen in geraden Linien inmitten der verfallenen Gebäudereste.

Die tadellosen gitterförmig angeordneten Baumreihen standen in völligem Kontrast zum willkürlichen Wachstum des übrigen Waldes. Ich wusste, dass die Sitka-Fichten vermutlich nicht so alt waren, wie ihre Höhe vermuten ließ. Die nährstoffreiche Mischung aus Fischresten, Muschelschalen und Knochen – Spuren von Jahrtausenden menschlicher Besiedelung – lieferte die ideale Grundlage für einen beschleunigten Wuchs. Das Land war außerdem, so weit ich es durch das Unterholz erkennen konnte, flach, und an dieser Küste gab es schlichtweg kein flaches Gelände, ohne dass es von Menschenhand angelegt worden wäre.

Auf dem Waldboden entdeckte ich Stöckchen, auf denen herumgekaut worden war, unter den Bäumen kleine dunkle Löcher und überall kleine, frische Kothaufen. Die Welpen waren hier, und ich wusste, dass ich verschwinden musste. Die Zaunkönige hatten aufgehört zu singen. Es war zu still.

Als ich mich auf den Weg zum Meer machte, kamen zwei kleine graue Welpen unter einem Wirrwarr aus herabgefallenen Querbalken hervor. Sie sahen mich nicht und purzelten in ein anderes Loch. Zur gleichen Zeit kamen zwei weitere herbeigerannt. Sie verschwanden in Löchern und sprangen aus anderen wieder heraus. Unter den Resten des Holzhauses lag ein Netz aus Höhlen und Tunneln, und die Welpen bewegten sich so schnell, dass ich nicht sagen konnte, ob ich ein Dutzend sah oder immer nur dieselben zwei.

Das Finden einer Wurfhöhle ist der Heilige Gral unter den Funden eines Wolfsforschers, aber ein einstiges Dorfgelände von solcher Größe zu entdecken war sicher das Höchste. Über dem Ort lag eine Stimmung, die von den uralten Beziehungen zwischen Mensch und Wolf geprägt war.

Die Bevölkerung vor Ankunft der Siedler wird in diesem Teil des Great Bear Rainforest auf ungefähr 30 000 Menschen geschätzt. Angesichts dieser hohen Bevölkerungsdichte – zumindest im Vergleich mit der gegenwärtigen von circa 4000 Menschen – verwundert es nicht, dass sich die Lebensräume von Mensch und Wolf überschnitten. Aber Wolfsbauten und alte Dorfanlagen an ein und demselben Standort ist mehr als reiner Zufall. Über 50 Prozent der Wurfhöhlen, die wir ermittelt haben, liegen entweder in einem aufgegebenen Dorf wie die des Village Pack oder in unmittelbarer Nähe davon.

Menschen und Wölfe stehen an der Spitze des Ökosystems, und sie haben ähnliche Bedürfnisse: Schutz vor Winterstürmen, Zugang zu Süßwasser und zu Nahrungsquellen wie Lachs, Hirsch oder Bergziege. Diese Gemeinsamkeiten sind wahrscheinlich der Grund für die herausragende Rolle des Wolfes in der Kultur der First Nations. In der Schöpfungsgeschichte eines der Gründungsstämme der Heiltsuk ist ein Wolf der Vater der ersten Kinder des Stammes. Eines der Kinder bleibt Wolf und wacht als Beschützer über das Volk. Seine Geschwister haben menschliche Gestalt und schenken dem Volk die Winterzeremonien, Big Houses und den Lachs. Die Mutter versieht den

Wolfsvater mit einem ockerfarbenen Zeichen und verleiht seinem Fell so den rötlichen Farbton, der bei den Wölfen dieser Gegend bis heute verbreitet ist.

Direkt am Waldrand stimmte ein Wolf sein Geheul an und erinnerte mich daran, dass es Zeit war zu gehen. Diese Saison nahm einen guten Anfang: Das Team hatte bereits drei aktive Wurfhöhlen unterschiedlicher Rudel auf dem Terrain der Kernstudie entdeckt, und dieses war der vierte Bau – gute Aussichten für Sommer und Herbst.

Am nächsten Tag brachen Chris und ich früh auf. Chris wollte die Welpen zählen, und ich brannte darauf, einige Videoaufnahmen vom Nachwuchs zu machen. Wir beluden sein Glasfaser-Speedboot mit der üblichen Ausrüstung: Kanu, Stative, Ferngläser, Kameras, die Sammelutensilien, Regenausrüstung, Funkgeräte, Lebensmittel und Überlebenspack – um nur einige Dinge zu nennen. In den entlegenen Bergregionen ist auf den Funkkontakt nicht immer Verlass, und im Fall einer Notlage könnten einige Tage vergehen, bis uns jemand zu Hilfe kommen würde.

Als wir uns dem Wolfslager näherten, drosselte Chris den Motor. Wir würden die letzten eineinhalb Kilometer im Leerlauf fahren, dann gegen den Wind ankern und schließlich mit dem Kanu bis zu dem Beobachtungspunkt paddeln, den wir tags zuvor ausgesucht hatten. Chris bat mich um das Fernglas. Ich gab es ihm und folgte seinem Blick. Wenn ich die Augen zusammenkniff, konnte ich etwas im Wasser ausmachen, aber es war zu weit entfernt, um es identifizieren zu können.

»Schwarzbär«, sagte Chris. Ich hörte die Vorfreude in seiner Stimme mitschwingen. Der Bär schwamm direkt auf den Strand zu, den wir gestern aufgesucht hatten. Wir waren uns ziemlich sicher, dass der Bär nichts von dem Rudel direkt hinter der Waldgrenze ahnte.

Der Bär befand sich auf halber Strecke zum Ufer. Er benötigte nur wenige Minuten, um das eineinhalb Kilometer breite Gewässer zu durchqueren. Bären sind stromlinienförmig wie Luftschiffe und deshalb unglaublich schnelle Schwimmer. Die kräftigen Beine des Bären paddelten unter Wasser, und wir konnten hören, wie er laut prustend mit dem Maul voll Wasser ausatmete. Geräusche werden über Gewässern äußerst weit getragen, und uns war klar, dass den Wölfen ein derartiges Schnauben nicht entgehen konnte.

Wir beobachteten, wie der Bär ans Ufer kletterte und sich das Wasser aus dem Fell schüttelte. Es versprach interessant zu werden. Wir wussten aufgrund von Chris' Analysen, dass Schwarzbären einen signifikanten Bestandteil der Wolfsnahrung ausmachten – weniger als fünf Prozent zwar, aber angesichts der Tatsache, dass ein Bär sein Leben teuer verkauft, war dies ein beträchtlicher Anteil.

Irgendetwas brachte den Bären dazu, innezuhalten und sich vorsichtig zurück zum Wasser zu bewegen. Sein Körper spannte sich an, während er aufgeregt schnupperte. Barry Lopez beschreibt in seinem wunderbaren Buch *Of Wolves and Men* das »Gespräch des Todes«, in dessen Verlauf das Beutetier sein Leben bereitwillig dem Raubtier hinzugeben scheint. Er stellt fest, dass eine Art Kommunikation stattfindet, vielleicht eine Art Verhandlung, in der sich Raubtier und Beute darauf einigen, die ihnen jeweils von der Natur zugewiesenen Rollen einzunehmen, ganz so, als ob sich das Beutetier zum Wohle der übergeordneten Sache opfert. Aber hier handelte es sich bei dem potenziellen Beutetier nicht um einen Hirsch, einen Elch oder eine Bergziege, also ein Huftier mit hohen Fortpflanzungsraten. Dies war ein ausgewachsener, gesunder Bär, und ich glaube kaum, dass er sich für das übergeordnete Wohl dieses Wolfsrudels interessierte.

Ich hatte oft genug beobachtet, wie Wölfe einen Hirsch am Strand zur Strecke brachten, um zu wissen, wie angreifbar Tiere in der Gezeitenzone sein können. Dem Wechsel vom Land in die sicheren tiefen Gewässer geht ein Moment der Schwäche voraus. Es ist so, als würde man zu Fuß vor einem Verfolger fliehen und plötzlich ein Fahrrad erblicken: Man weiß, dass man entkommen kann, sollte es gelingen auf das Fahrrad zu springen und in die Pedale zu treten, aber in diesen entscheidenden Augenblicken ist man verletzlich.

Im vorangegangenen Sommer hatten meine Frau Karen und unser Sohn Callum in dem seichten Wasser nahe einer Insel gebadet, die unserem Zuhause auf Denny Island gegenüberliegt, als ein Hirsch aus dem Wald gesprungen und direkt neben den beiden ins Meer gerannt war. Sekunden später war ihm ein Wolf gefolgt. Er war durch das seichte Wasser gesprungen, hatte sich auf den Rücken des

Hirsches gestürzt und ihm die Zähne in den Nacken geschlagen. Der Kampf hatte nur Sekunden gedauert, und schon zwei Minuten später hatte der Wolf seine Beute in den Wald gezerrt. Der Pansen und Blut auf Felsen und Moos waren die einzigen Spuren, die wir am nächsten Tag gefunden hatten. Callum war damals erst drei, aber er spricht heute noch von diesem Tag.

Tierarten, die auf dem Speiseplan des Wolfes stehen, wie Bär, Hirsch, Elch, Otter und Biber, können den Wölfen im offenen Wasser fast immer entkommen. Aber in dem Zeitfenster, das die Beute benötigt, um zum Wasser zu gelangen und Tempo aufzunehmen, haben die Wölfe eine Chance, ihr Opfer zu erlegen. Das Wasser kann den Jägern auch hilfreich sein, denn es mildert die Wucht von Huftritten, und wenn sie ein Tier am Genick oder der Flanke nach unten drücken, müssen sie nur abwarten, bis es ertrinkt. Das Village Pack hatte ich bereits zuvor erfolgreich am Ufer jagen sehen.

Die Wölfe nahmen unter den Bäumen Aufstellung, die Welpen waren in dem sicheren Höhlenversteck. Vielleicht wollte der Bär den Wölfen nicht den Rücken zudrehen, vielleicht fürchtete er auch, nicht rechtzeitig zurück ins tiefe Wasser gelangen zu können. Jedenfalls zauderte er nicht länger, sondern rannte auf die Wölfe zu und verschwand im Wald. Die Wölfe folgten. Selbst aus dieser weiten Entfernung konnten wir vernehmen, wie dicke Äste krachend brachen. Kurz darauf kehrte Stille ein.

15 Minuten später brach das Rudel in Geheul aus. Die

Wölfe klangen nicht unruhig oder aggressiv, sondern eher gelassen, so als ob nun alles in Ordnung sei. Vielleicht sollte das Heulen den Welpen das Ende der Gefahr signalisieren. Wir entschieden uns zu gehen. Die Wölfe hatten den Bären erlegt, und wir wollten sie nicht von ihrer Beute verscheuchen. Wir würden am folgenden Tag wiederkommen.

Am nächsten Morgen paddelten wir mit dem Kanu an Land und bezogen ungefähr 300 Meter nördlich von dem gestrigen Beuteplatz Stellung. Nach circa 40 Minuten kamen zwei Welpen aus dem Wald und begannen zu spielen und die Tidegrenze zu erkunden. Bald folgten ihre Geschwister. Insgesamt waren es sechs Welpen – der Durchschnitt eines Wurfes beträgt etwas unter fünf Welpen. Von den erwachsenen Tieren war nichts zu sehen.

Ein weiblicher Welpe mit rötlich ockerfarbenem Fell und erstaunlich großen Ohren begann den Bewegungen des Wassers zu folgen und sprang vor und zurück, wenn die kleinen Wellen sanft gegen die glatten Steine schlugen. Die kleine Wölfin bewegte sich am Ufer entlang, bis sie nur noch viereinhalb Meter von uns entfernt war. Sie hatte diesen Weg offensichtlich schon einige Male genommen, aber ohne auf etwas wie uns zu treffen. Sie kam ein bisschen näher heran, drehte sich jedoch immer wieder nach ihren Geschwistern um, unsicher, ob sie ihre Erkundung fortsetzen sollte.

Ich machte einige Fotos von ihr, und beim Geräusch des Kameraverschlusses machte sie einen kleinen Satz und trottete dann zurück zu ihren Geschwistern. Das Village Pack hatte uns eine sehr schöne Begrüßung bereitet.

Das auflaufende Wasser scheuchte die Welpen zurück an den Waldrand. Während Chris weiter Richtung Norden ging, um mehr Proben zu sammeln, stellte ich Nachforschungen an. Wir wussten immer noch nicht, ob der Bär überlebt hatte. Ich ging den Strand entlang zu der Stelle, an die er sich gestern geflüchtet hatte, und tauchte zwischen dem Gewirr aus Heidelbeersträuchern in den dunklen Wald ein.

Ich musste nicht lange suchen. Bereits in dem dichten Unterholz am Waldrand stieß ich auf eine Stelle, die aussah, als seien ein Metzger und ein Barbier gemeinsam am Werk gewesen: Überall auf dem Boden lagen dicke Klumpen Bärenfell, wobei an manchen noch große Fleischbrocken hingen, und ringsherum lagen Knochen, Fellbüschel und zerbrochene Äste verstreut. Der Bär hatte versucht, sich auf jener Fichte, die ich gestern bewundert hatte, in Sicherheit zu bringen. Dem Schlachtfeld nach zu urteilen, hatten die Wölfe den Bären für das Eindringen in ihr Revier büßen lassen. Als ich mich gerade zum Gehen wandte, stimmte das Rudel erneut ein Geheul an. Ich hatte kein Bedürfnis, dass man auch mir eine Lektion erteilte. Es war etwas unvorsichtig gewesen, den Beuteplatz so schnell aufzusuchen, doch die gewonnenen Informationen waren nützlich.

Die Analysen, die Chris durchgeführt hatte, zeigten zwar, dass die meisten Wolfsrudel an der Küste jährlich mindestens einen oder zwei Bären töteten. Aber erlegten die Wölfe lediglich alte oder kranke Tiere oder nur junge Bären?

Hier waren wir unmittelbar Zeuge geworden, wie ein großer, gesunder Schwarzbär von vielleicht 160 Kilogramm in den besten Jahren in kürzester Zeit vom Village Pack getötet worden war. Ich teilte Chris die Neuigkeit mit und wusste, er würde mit Chester hierher zurückkehren, um zahlreiche frische Genproben zu sammeln, sobald die Wölfe ihre Mahlzeit beendet hatten.

Die Wölfe hatten einen ausgewachsenen, kampfkräftigen Bären in Stücke gerissen, und ich fragte mich, warum sie sich dann verhältnismäßig wehrlosen menschlichen Wesen gegenüber so scheu verhielten. Einige unserer Forscher, darunter Johanna und Goody, die gemeinsam kaum mehr als 110 Kilogramm auf die Waage brachten, hatten sich bei den Wurfhöhlen in mehreren Fällen erwachsenen Wölfen in nächster Nähe gegenübergesehen. Doch aus unbekanntem Grund können sie das Areal unbehelligt betreten; die Alttiere weichen jedes Mal zurück und lassen die Welpen vorübergehend allein.

Wölfe können einen ausgewachsenen Bären oder einen 450 Kilogramm schweren Elch erlegen. Ich habe Wölfe beobachtet, die einen gesunden, erwachsenen Grizzlybären umzingelt und angegriffen haben. Elche und Bären sind unendlich besser in der Lage, sich selbst zu verteidigen und einem attackierenden Wolf ernsthafte Verletzungen zuzufügen als ein unbewaffneter Mensch.

Ich selbst habe mich Dutzende Male bewohnten Wolfsbauten genähert, manchmal nur versehentlich, manchmal, um eine ferngesteuerte Kamera zu installieren. Jedes Mal geschieht dasselbe: Die Welpen werden zurückgelassen, und die Alttiere ziehen sich 50 bis 150 Meter in den Wald zurück und beginnen zu heulen. Die erwachsenen Wölfe sind aufgebracht wegen des Eindringlings und besorgt, dass die Welpen nicht in den sicheren Höhlen verbleiben (das tun sie selten, weil sie so neugierig sind), aber sie greifen mich nicht an.

Warum unterwerfen sich die Wölfe uns Menschen, anstatt uns anzugreifen? Haben sie vielleicht begriffen, dass vom Menschen eine andere, für sie unheimliche Art der Bedrohung ausgeht, die sie das Fürchten gelehrt hat? Oder rührt es daher, dass einst eine soziale Beziehung zwischen Menschen und Wölfen bestand – in jener frühen Zeit, da sie gemeinsam lebten (und dass dieses Wissen weitergegeben wurde)? Für mich besteht kein Zweifel daran, dass die Vorfahren dieser Wölfe mit den Ahnen des Heiltsuk-Volkes gelebt hatten. Lassen uns die Wölfe in ihr Leben, damit wir diese Beziehung wiederentdecken?

Sommer

Ebbe und Flut

Der Bug der *Companion* durchschnitt das schwarze Wasser und hinterließ eine biolumineszierende Spur. Es war eine frühe Sommernacht, und das Nordlicht schimmerte in pulsierenden wassergrünen Wellen über Mount Keyes. Im Osten, irgendwo am Fuße des Berges, war das Fish Trap Pack im Dunkeln auf der Jagd.

Das Rudel war gerade erst von seinem geschützten Seeufer-Lager in den Bergen zum Meer zurückgekehrt, wo es seine alten Sammelplätze – eine Mischung aus Kindergarten und Spielplatz – wieder in Besitz nahm. Die Welpen fanden sich bereits gut in der täglichen Routine aus Erkundungen und Futtersuche zurecht. Die Nahrung, die ihnen die Erwachsenen von der Jagd mitbrachten, ergänzten sie durch Entenmuscheln, Mies- oder Klaffmuscheln und andere Lebewesen, die sie bei Ebbe im Watt fanden.

Ich war dem Fish Trap Pack nun bereits einige Jahre während der Sommermonate gefolgt und wusste, dass sie sich auf ihre tägliche Routine verlassen konnten, bis der Lachs zurückkehrte. Sosehr ich bleiben wollte, um sie zu beobachten, sosehr war ich doch daran interessiert, ins Landesinnere zu gehen und ein völlig anderes Rudel zu besuchen. Ich würde also diesen Teil der Küste verlassen und den Großteil des kurzen Sommers beim Surf Pack verbringen. Bei meiner Rückkehr würden diese Welpen hier wahrscheinlich schon ihren ersten Lachs gekostet haben und auf das Doppelte ihrer jetzigen Größe angewachsen sein. Alle Segel waren gesetzt, und ich hoffte, dass der Wind auffrischte und ich so vor dem Morgengrauen bereits Cape Mark passiert haben würde. Mit etwas Glück würde ich dann bei kräftigem Südwind gut in Richtung Norden vorankommen.

Die vorderen Positionslichter an Back- und Steuerbord durchbrachen die Dunkelheit wie Scheinwerfer. Als ich in den Queen Charlotte Sound einfuhr, erschienen sie mir mit einem Mal sehr klein. Auch ich fühlte mich sehr klein hier draußen. Sobald ich erst außerhalb der Küstengewässer war, würde das Navigieren einfacher werden, weil weniger Hindernisse wie zum Beispiel Baumstämme im Wasser trieben. Bei Nacht zu segeln war etwas riskant, doch die *Companion* war ein Mehrrumpfboot ohne Ballast, das heißt, es konnte nicht sinken, selbst wenn alle drei Rümpfe beschädigt waren. Schlimmstenfalls könnten unter Wasser Schiffsschraube und Antriebswelle beschädigt werden, aber dann hätte ich immer noch die Segel und für den Notfall einen Außenborder.

Wie riskant es auch sein mag, für mich gibt es kein schöneres Geräusch als das eines Bootes mit gesetzten Segeln bei Nacht. An wenigen Plätzen fühle ich mich so wohl wie an Bord der *Companion,* und im Laufe vieler Jahre und Zehntausender Kilometer gemeinsamen Reisens habe ich eine große Zuneigung zu diesem alten Schiff entwickelt.

Die *Companion* und ich wurden dort draußen auf die Probe gestellt. Die Stürme hatten nur wenige Bäume an der Küste verschont, und diese waren knorriges Krummholz. Inseln wie Calvert, Hunter, Aristazabal, Compania, Banks und Dundas bilden das exponierte Rückgrat der Nordküste von British Columbia, aber dazwischen liegen viele weitere hübsche Inseln. Die Wölfe schienen dem äußersten Norden der Inseln den Vorzug zu geben. Die topografischen Gegebenheiten boten ein Habitat für Lachsschwärme, und sie sind den vorherrschenden Südoststürmen weniger extrem ausgesetzt.

Die Dünung wurde stärker, und der Wind frischte von Süden her auf, als ich die Großschot weiter anzog, mich entspannt auf der Plicht zurücklehnte und das Boot sich langsam nach Norden wandte. Wenn alles gut lief, würde ich über 20 Stunden unterwegs sein, aber das Adrenalin, das freigesetzt wird, wenn man allein auf offener See segelt, würde mich problemlos wach halten. Die Bedingungen waren zu gut, um die Zeit mit Schlafen zu verschwenden, und ich konnte es gar nicht erwarten, meinen Zielort zu erreichen.

Die ausgedehnte Silhouette unzähliger Inseln – ich nenne sie den »Raincoast Archipel« – verschwand am östlichen Horizont. Diese Inseln bilden die vorderste Barriere gegen die Winterstürme, die den Great Bear Rainforest unerbittlich heimsuchen. Obwohl das Fish Trap Pack nur wenige Kilometer Luftlinie weiter östlich lebte, war ich mir ziemlich sicher, dass es keine Brandung kannte. Die Außenküste im Norden von British Columbia weist eine ganz eigene Topografie auf, und die Wölfe, die diesen unbesiedelten Archipel für sich beanspruchen, sind von einem anderen Schlag als die Wölfe an der Innenküste. Jede Insel ist im Hinblick auf Ökologie und Evolution ein eigenständiges Experiment der Natur. Die Tierwelt auf den einzelnen Inseln kann sich wesentlich voneinander unterscheiden, auch wenn diese nur durch wenige Kilometer offener See voneinander getrennt sind. Die Überlebensstrategien, das Verhalten, ja selbst das Aussehen können vollkommen andersartig sein. Die geografische Isolation, die diesen Artenreichtum erzeugt hat, kann aber auch eine größere Verwundbarkeit bewirken.

Die bekanntesten Fälle des Aussterbens – ob flugunfähiger Vögel oder allzu zutraulicher Säugetiere – betrafen Inselbewohner. Wenn hier ein Störfaktor auftritt – eine verheerende Krankheit, Brände oder eingeführte Raubtiere –, wird möglicherweise eine gesamte Inselpopulation (bei großen Inseln wie Australien sogar eine gesamte Spezies) ausgelöscht. Solche in der Abgeschiedenheit lebenden Populationen können auch nicht »gerettet« werden, da es anderenorts keine Individuen gibt, die den Bestand auffüllen könnten.

Ian McTaggart-Cowan, einer der bedeutendsten frühen

Ökologen Nordamerikas, führte Anfang der 1940er Jahre erste Feldstudien auf diesen Inseln durch. Viele befassten sich mit den Auswirkungen der Isolation auf die Populationen. Seine Studienobjekte waren Hirschmäuse, und er stellte fest, dass das Aussehen der Mäuse von Insel zu Insel stark variierte; ihre Evolution hatte unterschiedliche Wege genommen. Seine Arbeit war so bahnbrechend, dass noch heute in der wissenschaftlichen Literatur häufig darauf verwiesen wird – ungewöhnlich für eine 60 Jahre alte Studie.

McTaggart-Cowan und sein Team dokumentierten eine Vielzahl ökologischer Basisinformationen über die Küste, und sie zeigten die Präsenz vieler Spezies, sogar auffälliger Säugetiere auf, von denen man bis dahin nicht gewusst hatte, dass sie auch auf Inseln beheimatet waren (zumindest westlichen Wissenschaftlern war dies neu). McTaggart-Cowan war auch ein Wolfsforscher, der zuvor bereits die erste Studie über Wölfe in den Rocky Mountains durchgeführt hatte. Und obwohl Wölfe bei seinen Forschungen auf den Inseln nur eine marginale Rolle spielten, stellte er fest, dass sich die Küstenwölfe in ihrer Ökologie, Morphologie und ihrem Verhalten stark von den Wölfen der Rocky Mountains unterschieden.

Die Heimat des Surf Pack ist eine Schatzkammer an Artenvielfalt, eine brisante Vereinigung von Ökosystemen, die auf den ersten Blick wie ein unheilvolles Aufeinanderprallen von terrestrischen und marinen Lebensräumen erscheint. Wellen branden aus den Tiefen des Pazifiks heran und brechen sich unablässig an den Felsen, hämmern auf

Sand und Wald ein. Die Bäume strecken ihre Wurzeln indessen bis in die Gezeitenzone, umklammern und sprengen Felsen. Dem Ringen dieser beiden Welten im Intertidenbereich ist die außerordentliche biologische Vielfalt geschuldet.

Genau aus diesem Grund war ich hier. Charlie Russell und Maureen Enns, zwei kanadische Bärenforscher, suchten auf allen Kontinenten nach einer Braunbär-Population, die lediglich minimalen Kontakt mit Menschen gehabt hatte. Sie wurden schließlich an der entlegenen Küste der Kamtschatka-Halbinsel fündig. Sechs Jahre verbrachten die beiden auf der von Vulkanen dominierten Halbinsel, um Erkenntnisse über wirklich wild lebende Bären zu gewinnen, das heißt Tiere, deren Lebensraum nicht von menschlichen Einflüssen konditioniert ist. Eine solche Population suchte ich unter den Wölfen, und glücklicherweise musste ich dafür nicht ganz so weit reisen.

Diese Wölfe sind wahre Salzwasserwölfe, deren Lebensgrundlage das Meer ist, das sie hierher trug. Vielleicht wurden sie durch das Nahrungsangebot angelockt; vielleicht waren aber auch zwei Wölfe auf dem Weg zu einer ihnen bekannten Insel von den starken ablandigen Strömungen hierher getrieben worden.

Ich weiß, dass Wölfen so etwas passieren kann. Ich kannte einmal einen Mann namens Kayak Bill, einen Auswanderer und ehemaligen Bergsteiger, der in den Sechzigern an den wildesten und entlegensten Abschnitten der Westküste die Einsamkeit suchte.

Er lebte anfangs in der Gegend von Cape Caution, aber als sich dort ein Boot zeigte, packte er empört seine Sachen zusammen und zog weiter nach Norden, auf der Suche nach einem Ort, an dem er völlig alleine sein konnte. Seine Trips in die Wildnis wurden schließlich sein Leben; er verbrachte den größten Teil seiner Zeit alleine und lebte so einfach wie nur möglich.

Als mehr Kajakfahrer die Küste zu erkunden begannen, landete er schließlich, um sich seiner völligen Abgeschiedenheit sicher zu sein, auf einem Felsen der einsamsten, unwirtlichsten Inselkette an der Küste von British Columbia. Das Eiland war so klein und von Wellen gepeitscht, dass es dort nicht einmal eine Otterkolonie oder das Nest eines Weißkopfseeadlers gab. Aber es war Bills Eiland, und das war das Wichtigste für ihn.

»Ich war ganz am Ende angelangt; wenn dort draußen jemand aufgetaucht wäre, hätte ich nirgends mehr hingehen können.« Das beunruhigte ihn. »Mit diesem kleinen Felsen hatte es sich dann.«

Bill fuhr mit dem Kajak nach Denny Island, wo ich lebte, um durch Holzhacken, den Verkauf seiner Bilder und dergleichen seine Kasse aufzufüllen. Wenn er seine kargen Vorräte ergänzt hatte – hauptsächlich um Tabak und Kerzenfischfett, alles andere war nebensächlich –, belud er sein Kajak, wobei er einen Gutteil seiner Sachen außen festbinden musste, und fuhr auf die See hinaus. Bill machte kein Aufheben um sich, sodass er sich oft spät nachts, wenn der Südost heulte, aus der Stadt stahl. In einer dieser

Nächte gelang es mir, ihn abzufangen und mit ihm zu sprechen.

Ich glaube nicht, dass irgendjemand in der jüngeren Geschichte so viel Zeit in den entlegenen äußeren Küstenregionen verbracht hat wie Bill, und ich war sehr neugierig darauf zu erfahren, was er dort den ganzen Winter über sah.

Er erzählte mir, der vergangene Winter sei besonders merkwürdig gewesen. »Ich wachte eines Morgens auf, und ein Wolf starrte mich an. Auch wenn dieser Wolf von Insel zu Insel geschwommen war, hatte er immer noch eine Strecke von zehn Kilometern am Stück zu bewältigen, und die Strömungen in dieser Gegend können über sechs Knoten betragen.«

Bill schien die Gesellschaft des Wolfs genossen zu haben. Er beschrieb, wie der Wolf Rankenfüßer und Mäuse fraß und was er sonst noch erwischte. »Ich habe ihm etwas Robbenfleisch abgegeben«, erzählte Bill, »und er blieb einige Wochen bei mir. Aber eines Morgens wachte ich auf, und er war weg. Schätze mal, es war ihm ein bisschen zu einsam.«

Im Windschatten einer der Inseln warf ich nach etwa 20 Stunden den Anker. Das Wasser war an dieser Stelle acht Meter tief und glasklar. Als ich mit einem Scheinwerfer nach unten leuchtete, konnte ich Sandaale und Bullkelp, riesige Braunalgen, in der Strömung herumwirbeln sehen. Ich vergewisserte mich, dass der Anker fest saß; ich würde mich hier so lange aufhalten, wie die Südost-Stürme ablandig bliesen. An der Backbordseite konnte ich die Stellerschen Seelöwen hören, und das Getöse der Brandung erfüllte die Kajüte. Die Geräusche und Gerüche waren vertraut. Ich fiel umgehend in tiefen Schlaf; meine Kleidung war steif von der salzigen Gischt, und nur wenige Stunden trennten mich von einem neuen Tag.

Ich schlief noch, als ein Geheul ins Boot drang. Ich brauchte einen Augenblick, um mich zu erinnern, wo ich mich befand, aber schon hörte ich über die Brandung hinweg erneut das Heulen. Die Wölfe waren immer noch hier. Ich kletterte an Deck und blickte durch das Fernglas. Aus der Entfernung hoben sie sich zunächst kaum vom Sand ab, aber dann machte ich sechs Welpen aus, die am südlichen Ende des Strandes spielten und an der von Schaum gesäumten Wasserkante entlangrannten. Die Erwachsenen verteilten sich am tidebeeinflussten Ästuar. Ihre Flanken waren mir zugewandt, sie reckten die Köpfe gegen den Wind und heulten abwechselnd. Es waren insgesamt sechs Alttiere und sechs Welpen. Dies war ihr Morgenritual: Pünktlich wie ein Uhrwerk kamen sie bei Tagesanbruch zusammen. Zu dieser Zeit wurden die sozialen Bindungen zwischen den einzelnen Mitgliedern vertieft, und es war eine Freude, sie hier auf der freien Fläche zu beobachten und festzustellen, dass alle Rudeltiere noch lebten und wohlauf waren.

Bis ich mein Kanu durch die Brandung gesteuert hatte und das Tal hinaufging, waren die Wölfe schon längst wieder zu einem ihrer beiden Sammelplätze flussaufwärts zurückgekehrt. Die Welpen waren nun über drei Monate alt und bewältigten schon täglich die etwa eineinhalb Kilometer lange Strecke zum Strand und wieder zurück ins Lager.

Die aktuellen Sammelplätze des Rudels lagen nicht weiter als 300 Meter von der Wurfhöhle entfernt. Einer davon lag an einem Fleckchen zwischen verstreut wachsenden Fichten, der andere im Schutz einer mächtigen Rotzeder. Die Welpen wechselten oft von einem Lager zum anderen. Es ist eine sinnvolle Strategie, mehrere Sammelplätze festzulegen, denn mit dem wachsenden Aktionsradius der Welpen erhöht sich auch die Gefahr, auf mögliche Räuber zu treffen. Außerdem sammeln sich in Wolfsbauten Krankheitserreger, sodass ein Wechsel zu neuen Lagern hilft, die Rudel vor möglichen Infektionen zu schützen.

Als ich um die letzte Windung des Tidengebiets bog, erblickte ich die üblichen Vertreter der Vogelwelt der Außenküste: einige Kanadakraniche, amerikanische Krickenten, einen Diademhäher, einen Eisvogel, Strandläufer und natürlich Raben. Sie alle bewegten sich gemächlich, was darauf hindeutete, dass auch bei den Wölfen Ruhe herrschte.

Dann bemerkte ich, wie sich etwas unten am Flussufer bewegte – ein Kopf schnellte nach oben und schnappte nach einer Pferdebremse. Vier erwachsene Wölfe schliefen zwischen den Felsblöcken auf den Sandbänken. Die Tiere wirkten zusammengerollt, mit dem Kopf auf dem Schwanz, selbst wie große Steine, weshalb ich sie übersehen hatte.

So langsam und lautlos wie möglich ließ ich mich mit Kamera und Stativ auf den Felsen nieder. Ungefähr eine halbe Stunde später drehte mit dem auflaufenden Wasser der Wind, und ich wusste, dass meine Witterung nun in ihre Richtung getragen würde.

Das Alphamännchen erhob sich plötzlich und starrte direkt in die wechselnde Brise. Küstenwölfe, insbesondere jene an der Außenküste, verlieren nach dem Winter den Großteil ihres Fells und wirken bis zum Spätsommer recht dünn, nicht aber das Leittier des Surf Pack. Während die meisten Wölfe sehr schmal gebaut sind, ähnlich wie Langstreckenläufer, reckte dieser Wolf, den ich »Bob« nannte (für big old boy), eine stolzgeschwellte, muskelbepackte Brust nach vorne. Er hatte ein breites, vernarbtes Gesicht, war sozusagen auf der Insel herumgekommen, und man hatte ihm Respekt zu zollen. Er war sehr auf den Schutz seines Rudels bedacht und traute mir und meinen Absichten nicht über den Weg. Die anderen drei Tiere folgten seinem Beispiel und erhoben sich ebenfalls. Sie waren jetzt wachsam und streckten langsam ihre Beine, während sie immer wieder über die Sandbänke hinweg zu mir hinüberstarrten.

Ich wusste, dass ich für sie wie einer der Felsen wirkte und dass sie mich nicht sehen konnten, solange ich mich nicht bewegte. Wölfe scheinen ruhende Objekte nicht sehr gut einordnen zu können, aber einen menschlichen Kopf, der sich in 200 Metern Entfernung leicht bewegt, machen sie problemlos aus. Für gewöhnlich beobachte ich sie durch mein Fernglas und bewege mich nur, wenn gerade kein Wolf direkt zu mir herüberschaut. Die Position zu verändern, während man durch ein Fernglas starrt, ist eine Herausforderung der besonderen Art, aber es funktioniert. Ich wusste auch, dass die Wölfe mich ohnehin bald mithilfe ihrer Nase orten würden. Die olfaktorische Wahrnehmung des Wolfes ist zwischen hundert und einer Million Mal feiner als die des Menschen, und es gibt kaum Tricks, um sich vor ihr zu verbergen. Wölfe wittern uns nicht nur aus unvorstellbar großen Entfernungen, sie riechen sogar, was wir – am Vortag – zum Frühstück hatten.

Ich harrte der Dinge, die da kommen würden. Aufgrund früherer, vergleichbarer Erlebnisse mit dem Surf Pack war ich mir ziemlich sicher, wie die Sache ausgehen würde. Dennoch war es nervenaufreibend, denn von einem positiven Ausgang hing es ab, ob ich mich in Zukunft hier würde aufhalten können. Es herrschte nun konstant auflandiger Wind, der kräftiger wurde und die Aufmerksamkeit verstärkt auf meine Anwesenheit lenkte. Nun kamen die beiden letzten der sechs erwachsenen Wölfe, die ich am Strand gesehen hatte, in etwa 200 Meter Entfernung aus dem Wald getrottet. Auch sie waren äußerst wachsam, schlossen sich den anderen vier Wölfen an, und das Rudel bewegte sich direkt auf mich zu. Es bestand kein Zweifel: Sie hatten mich geortet und wollten mich nun auskundschaften.

Sie schwärmten zunächst aus, schlossen sich dann ungefähr 20 Meter weiter wieder zusammen, nahmen Tempo auf und kamen geradewegs auf mich zu. Ihr Trab fiel in einen Galopp, und dann preschten sie los. Innerhalb von Sekunden änderte sich ihr Erscheinungsbild: Sie trugen die Schwänze nun nach oben gerichtet, die Köpfe hoch erhoben, und ihre gespitzten Ohren zeigten höchste Alarmbereitschaft an. Ich konnte sehen, wie sich die Rückenhaare plötzlich sträubten.

Es war eine höllische Willkommensparty, darauf angelegt, mich aufzuscheuchen und zur Flucht zu bewegen. Doch ich würde eher nach China schwimmen, als vor einem Rudel Wölfe davonzulaufen. Ich wusste, dass meine Reaktion in den nächsten Minuten entscheidend war: Sollte ich es vermasseln, könnte ich sofort die Rückfahrt antreten. Das war alles schon vorgekommen: Ich hatte im falschen Moment die Nerven verloren, weil ich nicht auf meine Instinkte vertraut hatte. So würde es sie zum Beispiel irritieren, wenn ich mich erhob und damit mehr Raum einforderte. Ich wäre zu dominant und meine Gegenwart in ihrem Stammrevier und in der Nähe der Welpen unerträglich. Sie würden den Platz aufgeben und mich nie mehr so nahe heranlassen.

Der wilde Galopp stoppte. Ich stand gewissermaßen vor den Toren, an einer Grenze, und wenn sie mich akzeptierten, würde ich Zugang erhalten. Wenn nicht, würden sie mich meiden, und es würde sehr schwer werden, erneut Vertrauen aufzubauen, besonders mit dem Alphapärchen.

Das Rudel wurde langsamer und umzingelte mich. Ich war halb in der Hocke, halb saß ich auf meinem Felsen, als Bob auf mich zukam, den Kopf weit über meinem in die

Höhe gereckt. Dann umkreiste er mich in nur wenigen Metern Entfernung und nahm alle Gerüche auf, die meiner Fußspuren, meines Rucksacks. Seine Pfoten schienen den Boden kaum zu berühren. Er war angespannt, und plötzlich wich er mit dem gesamten Körper – der kräftigste, den ich je bei einem Wolf gesehen hatte – zur Seite aus, ganz so, als habe ein bestimmter Geruch überraschend eine alte, unangenehme Erinnerung geweckt.

Die anderen Wölfe, die ihr Leittier bei seinen Runden beobachtet hatten, reagierten alarmiert. Die Dinge liefen nicht, wie ich es erhofft und erwartet hatte. War dem Rudel während meiner Abwesenheit etwas Schlimmes widerfahren? Ich hatte auf dem Weg keine menschlichen Spuren gesehen, aber es war nicht auszuschließen, dass jemand hier gewesen war. Wölfe werden manchmal von Booten aus abgeschossen. Die Tiere legen weite Strecken zurück und können dabei in viele Schwierigkeiten geraten. Doch hier draußen wäre eine Begegnung mit Menschen äußerst ungewöhnlich.

Von der Aufregung angelockt, flatterten die Raben nun krächzend über uns hin und her. Ihre Schreie steigerten die Spannung noch. Als das Rudel aggressiver wurde, ließ Bob ein kräftiges, kehliges, einsilbiges Bellen vernehmen. Es hörte sich an, als habe er Krämpfe und versuche, Nahrung auszuwürgen, doch es drang lediglich dieses laute Bellen tief aus seiner Brust hervor. Ich duckte mich einige Zentimeter tiefer und sprach ihn mit einem sanften »Hallo, alter Junge!« an. Meine Stimme war dem Rudel vertraut, und ich spürte, dass die Anspannung ihrer Muskeln augenblicklich etwas nachließ. Das gesträubte Fell auf Bobs Rücken legte sich erkennbar, und er senkte seinen Schwanz etwas. Ich denke, dass er sich an mich erinnerte.

Ich hob den Kopf und sprach wieder, diesmal etwas lauter. Das wirkte wie ein Signal, und auch das übrige Rudel entspannte sich. Das ältere Weibchen – nicht die Mutter des diesjährigen Wurfes, aber vielleicht des letztjährigen – setzte sich unvermittelt nieder und kratzte sich mit einem Hinterbein am Bauch. Es schnappte nach einer Pferdebremse und rollte sich dann mit nach oben gereckten Beinen auf den Rücken. Die andere Wölfin mit dem helleren Fell setzte sich auf die Hinterläufe und starrte mich mit aufgestellten Ohren wachsam an, doch ihre Feindseligkeit wich der Neugier. Diese Wölfin wurde das freundlichste Tier des ganzen Rudels, und wir verbrachten in den kommenden Tagen viel Zeit miteinander. Ich nannte sie ihrer traurigen Augen wegen »Sorrow«. Bob war jetzt zum Glück mit der Situation zufrieden und trottete wieder flussaufwärts. Die übrigen Tiere schlossen sich im Gänsemarsch an. Ihre Mission war erfüllt. Nach ungefähr 50 Metern machten sie zwischen den runden Felsen halt und zerstreuten sich sogleich, um sich auf dem kühlen, feuchten Boden zusammenzurollen. Dies ist der Lackmustest für das Vertrauen eines Wolfrudels – wenn die Tiere in Anwesenheit eines Menschen schlafen. Ich war für eine Weile weg gewesen, doch sie erinnerten sich an mich und würden mich wieder in ihrer Nähe dulden.

Als ich dem Surf Pack das erste Mal begegnete, vermutete ich, dass das Rudel auf Wanderschaft zwischen zwei Jagdgebieten war. Aber ich hatte mich geirrt. Bei genauerem Hinsehen wurde mir klar, dass die Pfade nicht nur gelegentlich benutzt wurden, sondern alt und ausgetreten waren. Ich war zufällig auf ein etabliertes Stammrevier gestoßen, das bereits die Vorfahren dieses Rudels über Generationen genutzt hatten. Ich wanderte durch die Fichtenwälder, welche die Küste säumen, auf Pfaden, die zentimetertiefe Furchen in Erde und Moos bildeten oder so ausgetreten waren, dass auf verwitterten Granitplatten weiß polierte Spuren sichtbar waren. Solch dauerhafte Pfade entstehen nur durch ständige Nutzung, insbesondere wenn lediglich weiche Pfoten am Werk sind.

Mit der Zeit erkannte ich, dass das Surf Pack hier zwei Hauptverkehrswege hatte, von denen wiederum zahlreiche Nebenpfade abzweigten, die Küstenpfade, die von Strand zu Strand führten, sowie einen Weg, der die Insel mittig durchschnitt, die beiden großen Lachsflüsse miteinander verband und zu den bewaldeten Hängen im Inselinneren führte.

Das Heimatrevier des Surf Pack unterschied sich damit sehr von dem des Fish Trap Pack, fast so, als lägen sie auf unterschiedlichen Kontinenten. Während das Territorium des Fish Trap Pack aus vielen, mit üppigem Regenwald bedeckten Inseln bestand, wies das des Surf Pack ein außerordentlich abwechslungsreiches Erscheinungsbild auf: Es umfasste weitläufige, offene Moorwälder, grüne, mit herrlichen Quellern überwucherte Felder im Intertidenbereich, Sanddünen und moosige Fichten, die über und über mit grünen Flechten bedeckt waren. Aber der größte Unterschied zwischen den Rudeln war ihre Ernährung.

Der Kot des Surf Pack, den ich am Strand fand, wies zahlreiche Überreste kleiner Meereslebewesen auf und erinnerte deshalb stark an den Kot von Flussottern. Auch kleine Federn von See- und Küstenvögeln sowie größere von Kranichen, Gänsen und Reihern waren darin enthalten, ebenso kleine Gräten – vielleicht von einem Kabeljau oder einem Stachelrücken-Karpfensauger – und große Wirbelknochen vom Lachs, ein kleines Fellbüschel, wahrscheinlich von einem Nagetier, ein Stückchen Eierschale, Mies- und Klaffmuscheln, dazu ein Knochensplitter, der schwerer war als ein Hirschknochen und von einem Seelöwen oder Seehund stammen mochte. Diese Wölfe ernährten sich ganz anders als die Wölfe auf dem Festland oder an der Innenküste.

An einem klaren Tag konnte ich über die Meerenge hinweg die Coast Mountains des Festlands sehen. Die Wölfe, die ich dort, nur 50 Kilometer entfernt, dabei beobachtet hatte, wie sie Seite an Seite mit Vielfraßen Jagd auf Bergziegen machten, hatten Beutetiere, von deren Existenz die Wölfe hier nicht einmal wussten. Nirgendwo sonst leben zwei Subspezies des Wolfes quasi in Sichtweite voneinander entfernt und haben so unterschiedliche Speisepläne.

Einmal kam in unmittelbarer Nähe des Rudels ein Otter aus dem Fluss. Er hatte es offensichtlich eilig, doch angesichts der eingeschlagenen Richtung und seines Tempos hielt ich sein Vorhaben für ein Himmelfahrtskommando. Es war um die Mittagszeit, und das Rudel schlief noch entlang dem Ästuar. Von meinem Aussichtspunkt aus konnte ich nur die Spitzen ihrer Ohren sehen. Aus dem Blickwinkel des Fischotters war lediglich eine Wand aus Gras zu sehen, als er sich mit hoppelnden Schritten vorwärts bewegte – er tänzelte geradewegs in ein Rudel von einem Dutzend Wölfen hinein.

Sorrow hörte die platschenden Geräusche, erhob sich, reckte die Vorderläufe und ortete den Otter umgehend. Sie musste die anderen irgendwie verständigt haben, denn alle erwachten und betrachteten den Otter, der sich jetzt mit seinen merkwürdigen kleinen Seitwärtsschritten wie eine Flipperkugel zwischen den Wölfen hin- und herbewegte.

Jedes Mal, wenn er sich umdrehte, erblickte er einen anderen Wolf. Das Rudel hatte sich aufgesetzt und beobachtete ihn mit Interesse. Ich konnte spüren, dass dem Otter, wenngleich er nie vollkommen innehielt, schlagartig seine Situation bewusst wurde – der kleine Kerl hatte sich in Teufels Küche gebracht. Er legte jetzt an Tempo zu und peilte einen Nebenfluss an, nur neun Meter von Bobs wachsamen Augen entfernt. Und die Wölfe blieben einfach reglos sitzen und sahen zu, wie er ins Wasser flüchtete. Nicht ein Tier machte sich auch nur die Mühe aufzustehen. Ich war verblüfft. Der Otter war inmitten des Rudels hin-

und hergesprungen, ein absolut perfekter Nachmittagsimbiss in jedermanns Reichweite, und er hatte bei keinem Wolf ein ernsthaftes Interesse geweckt. Mit einem Blick hatten die Welpen begriffen, dass die Erwachsenen die Verfolgung nicht aufnehmen wollten, und gingen umgehend wieder dazu über, auf Stöckchen herumzukauen und Löcher zu graben.

Meiner Ansicht nach hatte es keinen Vorbildcharakter, einen dreisten Otter vor den Augen der Welpen einfach so davonkommen zu lassen. Das Verhalten war einfach nicht wolfsgemäß. Doch Paul Paquet erzählte mir später von vergleichbaren Begebenheiten, die er in den Rocky Mountains beobachtet hatte. Als er einmal eine bewohnte Wurfhöhle studierte, bewegte sich ein Hirsch direkt auf den Bau zu, und der nächste Wolf war nur drei Meter entfernt – die Wölfe beachteten ihn kaum.

Barry Lopez beschreibt in *Wolves and Men* die sakralen Elemente der Jagd aus der menschlichen Perspektive und wirft dann die Frage auf, was die Jagd für Wölfe bedeutet: »Kann das Jagen den Wölfen als heilig gelten? Kommt es zu einer geheimnisvollen Übereinkunft, wenn Wölfe auf Beutetiere treffen? Wir können nur Fragen aufwerfen und Vermutungen anstellen. Die gemeinsame Jagd *ist* vermutlich *die* soziale Aktivität, die ein Wolfsrudel zusammenhält. *Heilig* ist sicher nicht der richtige Begriff, aber das Jagen hat für Wölfe möglicherweise Beiklänge, die uns entgehen. [...] Hier gibt es jagende Wölfe, die viele – für den Menschen – unerklärliche Dinge tun. Sie beginnen ein Tier zu verfolgen, und dann drehen sie ab und laufen davon. Sie betrachten eine Hirschfährte, die nicht älter als eine Minute ist, schnüffeln daran und laufen achtlos weiter.«

Ich verstehe, was Lopez Kopfzerbrechen bereitet: Es scheint so, als sei die Jagd ein Ritual, das einer mentalen Vorbereitung bedarf. Es ist keine willkürliche Aktivität, sondern findet zur vorgesehenen, geeigneten Zeit statt.

Beim Surf Pack

Die Welpen des Surf Pack verbrachten einen Großteil des Tages mit Spielen auf dem nassen Sand jenseits der Tidengrenze. Beim Spiel finden sie ihren Platz in der Hierarchie des Rudels und ermitteln bereits, wer später womöglich einmal Alphamännchen oder -weibchen wird. Doch manche Spiele scheinen auch einfach nur dem Spaß zu dienen. Für gewöhnlich machen sich die sechs Geschwister vor den erwachsenen Tieren zum Strand auf. Ich habe sie oft vom Deck der *Companion* aus mit einem leistungsstarken Fernglas beobachtet. Die Spiele begannen üblicherweise, sobald irgendetwas an den Strand geschwemmt wurde. Es handelte sich dabei meist um Objekte, die die Welpen an jedem anderen Tag keines zweiten Blickes gewürdigt hätten.

Einmal kämpften sie um ein verworrenes, ausgetrocknetes, circa sechs Meter langes Stück Bullkelp. Der Alphawelpe, der größer war als seine Geschwister und sie durchwegs dominierte, packte die Beute und rannte den Strand

Einen ausgesprochen schönen und eigentümlichen Wolf taufte ich Ernest. Von ihm nicht entdeckt zu werden war ein aussichtsloses Unterfangen.

An Kanadas nördlicher Pazifikküste liegt der größte noch intakte gemäßigte Regenwald der Erde.

Eine Gruppe Orcas in der Nähe der Küste. Aufgrund ihrer Sozialordnung und ihres Jagdverhaltens werden sie oft als »Wölfe des Meeres« bezeichnet.

Die Schnittstelle zwischen Regenwald und Ozean beheimatet viele Beutetiere des Wolfes.

Wölfe überqueren Wasserwege mit der gleichen Aufmerksamkeit und Selbstverständlichkeit wie Menschen Straßen.

Eine jahrtausendealte Beziehung: Raben signalisieren den Wölfen die Nähe von Beutetieren und profitieren von seiner erfolgreichen Jagd.

Die Raben bleiben in der Nähe, wenn das Fish Trap Pack am Abend zum Fischen aufbricht – in einer Nacht können gut 200 Lachse gefangen werden.

Im frühen Morgennebel durchstreift ein Wolf die Küstenregion auf der Jagd nach frischem Lachs.

Buckellachse sind besonders beliebt bei den Wölfen, da sie im seichten Wasser schwimmen und leicht zugänglich sind.

80 Prozent des marinen Stickstoffs, der die Uferwälder düngt, stammen von Kadavern laichender Lachse, die durch den Wolf in den Wald gelangen.

Ein Jungtier des Fish Trap Pack schnappt sich einen kopflosen Buckellachs, den einer der Erwachsenen weiter flussaufwärts getötet hat.

Wölfe bevorzugen das Gehirn des Lachses, weil es nährstoffreich ist und, vermutlich, um eine Infektion mit Parasiten aus den Eingeweiden zu vermeiden.

Auf dem lehmigen Boden der Flussmündung sind die Spuren eines Grizzlybären neben den kleineren Wolfsspuren zu erkennen.

Junge Angehörige des Heiltsuk-Volkes zeigen den Wolfstanz im K'vai Big House – dem Versammlungs- und Kulthaus.

Diese beiden Brüder nannte ich die »Sentries«. Sie waren die aufmerksamen Wachposten des Rudels.

Sorrows Neugier und ihr verspieltes, zutrauliches Wesen machten sie zu einer willkommenen Gefährtin.

Wenn das Rudel auf Jagd ist, gehen die Welpen, wie dieses vier Monate alte Jungtier, oft allein auf Erkundungstour.

Das Fell dieses neugierigen Welpen weist die ockerfarbenen Sprenkel auf, die für viele Regenwaldwölfe typisch sind.

Ernest widmet sich seiner Aufgabe als Wächter des Fish Trap Pack mit voller Aufmerksamkeit.

Wölfe sind weitgehend nachtaktiv, und falls sie doch tagsüber unterwegs sind, so wissen sie sich in der Natur zu verbergen.

Kurz nach dem Great-Bear-Rainforest-Abkommen im Februar 2006 kam es im Küstengebiet zu einer verheerenden Zunahme an Kahlschlägen.

Oktober 2006: die Folgen des Kahlschlags auf Hawkesbury Island im Douglas Channel.

Die Territorien der Wölfe im Great Bear Rainforest brauchen mehr Schutz, damit Raben und Wölfe hier weiterhin friedlich zusammenleben können.

Das Fish Trap Pack nimmt die Gezeitenzone in Besitz, kurz nachdem es von der höher gelegenen Wurfhöhle zu seinem neuen Sammelplatz umgezogen ist.

Im Laufe der letzten 300 Jahre hat der Mensch weltweit die Wolfspopulationen um 80 Prozent und die einstigen Territorien um 40 Prozent dezimiert.

hinunter, wobei er das dicke Ende des Seetangs fest im Maul hielt, während sich das dünnere Ende hinter ihm wie eine Schlange um die Felsen wand. Er rannte auf den schützenden Waldrand zu, doch gerade als der letzte Zipfel des Kelps im Wald zu verschwinden drohte, holten die Geschwister auf, bekamen im Pulk die Trophäe zu fassen, und das Tauziehen begann. Ich war überrascht, wie robust der Kelp war, aber dann fiel mir ein, dass Ureinwohner an der Westküste sonnengetrocknete Kelpstränge zu Schnüren flochten, mit denen sie Heilbutt angelten, ein Fisch, der mehrere Hundert Kilogramm wiegen kann.

Die Geschwister zerrten den Strang mit vereinten Kräften zurück auf den Strand. Die Balgerei dauerte Stunden. Die Erwachsenen hatten längst schon ihren Rundgang am offenen Strand beendet und beobachteten die Welpen nun von ihren Hochsitzen auf den großen Felsen aus.

Eines Abends wurde ich Zeuge eines Schauspiels, das meine Namensgebung für das Surf Pack rechtfertigte: Die Welpen surften tatsächlich. Zunächst rannten sie am Strand im Kreis, während direkt hinter ihnen die Brandung mit Wellenkämmen von bis zu zweieinhalb Metern Höhe heranrollte. Mit perfektem Timing erklommen die Kleinen die Sanddünen, die sich dort bildeten, wo der Fluss auf die auflaufende Tide traf, und sprangen dann in die Brandung, purzelten übereinander und kugelten die Sandböschung hinunter, um schließlich von Salzwasser und Schaum überspült zu werden. Kurz darauf kämpften sie sich wieder den Hügel hinauf und schüttelten den Sand und weißen

Schaum ab. Von Kopf bis Fuß mit Schaumbläschen bedeckt, wirkten sie wie getrimmte kleine Pudel.

Wenige Tage später jagte mir Bob erneut einen Schrecken ein. Die Wölfe lagen an verschiedenen Plätzen und verschliefen den Tag. Ich wollte meinen Standort nicht wechseln, denn alle schienen sich gerade recht wohlzufühlen, aber das auflaufende Wasser brachte mich in Bedrängnis. Meine Stiefel waren schon mit Wasser bedeckt, und es stieg rasch an. Nachdem ich im Laufe der Jahre nicht wenige Utensilien an das Meer verloren hatte, hantiere ich nicht gern mit der Kameraausrüstung über Salzwasser. Als ich mir deshalb einen Weg zu einem neuen Standort im Schatten eines Felsens bahnte, hob Bob den Kopf. Vielleicht missfiel es ihm, dass er mich nun weniger gut im Blick hatte, vielleicht fühlte er sich auch einfach verpflichtet, eine Reaktion zu zeigen. Ohne aufzustehen bog er seinen breiten, kräftigen, schönen Kopf zurück und gähnte, wobei er das Maul so weit aufriss, dass eine Wassermelone darin Platz gehabt hätte. Ein solches Gähnen ist eine klassische Übersprunghandlung, die nicht Müdigkeit, sondern Sorge signalisiert. Er sah mich direkt an und ließ dann tief aus dem Bauch heraus ein leises, langgezogenes Heulen ertönen. Ich hatte drei Viertel der Strecke zurückgelegt, und gerade als ich dachte, ich sollte besser kehrtmachen, senkte er den Kopf wieder und war eingeschlafen, noch bevor sein Kopf auf den Pfoten lag.

Die übrigen Rudelmitglieder hatten nicht einmal ein Ohr gespitzt; es herrschte eine lethargische, schläfrige

Nachmittagsstimmung. Ich lehnte mich ins Moos zurück, schloss die Augen und tat es dem Rudel gleich.

Nicht alle Mitglieder dieser Familie beteiligten sich in gleichem Maße an der Aufzucht der Welpen. Zwei Wölfe verbrachten weniger Zeit mit den Jungen als die Übrigen; es handelte sich um ein Männchen und ein Weibchen, wahrscheinlich Betatiere, also an zweiter Stelle in der Rudelhierarchie, jedoch gewiss keine Jährlinge oder Omegatiere, die am unteren Ende der Rangordnung stehen. Sie sahen sich ähnlich, waren also höchstwahrscheinlich Geschwister. Im Gegensatz zu den anderen Erwachsenen schienen sie am glücklichsten, wenn sie ihre Zeit miteinander oder allein verbrachten, und oft waren sie viele Tage abwesend, ohne die Welpen zu besuchen.

Zunächst dachte ich, dass die beiden einfach nur froh waren, der geballten Energie von sechs Wolfswelpen zu entkommen, und vielleicht traf das zum Teil auch zu. Aber bald merkte ich, dass sie auch eine Aufgabe erfüllten: Sie bezogen an strategisch bedeutenden Orten Stellung – entweder auf einer Klippe mit guter Sicht auf die Sandbänke oder am äußeren Ende des abgeschnittenen Altwasserarms –, sodass nichts und niemand ohne ihr Wissen in das Tal gelangen konnte. Sie waren also Wachposten, und ihr Verhalten erinnerte mich stark an das Schutzsystem des Fish Trap Pack.

Von Anfang an baute ich eine Beziehung zu diesen beiden Wächtern auf; ansonsten wäre ich nicht einmal in Sichtweite des Hauptsammelplatzes gelangt. Ich ging immer bedächtig und nach demselben Muster vor, durchquerte täglich den Fluss an derselben Stelle und setzte mich an denselben Platz. Anfangs waren sie sich unsicher, ob man mir vertrauen konnte. Ich konnte es an ihrem Gesichtsausdruck und in ihren Augen erkennen. Schließlich war es ihre Pflicht, das Rudel vor Eindringlingen zu warnen. Aber ich vermittelte ihnen so selbstbewusst den Eindruck, es handele sich um ein ganz normales menschliches Verhalten, dass sie es letztendlich akzeptierten.

Sorrow, das ältere Weibchen, war außergewöhnlich zutraulich. Sie war grazil, anmutig, klein und hatte silberfarbenes Fell. Obwohl ihre großen, tiefliegenden, kastanienbraunen Augen auf mich traurig wirkten, hatte sie das freundlichste Naturell, das man sich bei einem Wolf nur wünschen konnte. An den meisten Tagen spazierte sie zu mir herüber, sobald ich mich an meinem Beobachtungsposten niedergelassen hatte, und legte sich in das tiefe Gras, manchmal nur sechs Meter entfernt. Sie verfolgte stets mit einem Ohr, ob ich irgendetwas tat, das ihr fremd war, aber im Großen und Ganzen wurde ich als weiterer Bewohner des Mündungsgebiets akzeptiert wie die Kraniche, Gänse oder Eisvögel. Einmal wachte ich auf, als sie gerade meine Stiefel beschnupperte – sie musste mich wohl schon eine ganze Weile beobachtet haben, bevor ich erwachte.

Ich erkannte, dass ich einfach nur darauf achten musste, in welche Richtung ihre Ohren zeigten, um zu erfahren, was in meiner Umgebung passierte. Es war, als ob man ein zusätzliches Augenpaar hätte oder eine gute Nase. Das Riechvermögen eines Wolfes ist für uns kaum zu begreifen: Stellen Sie sich einfach vor, Sie müssten mit verbundenen Augen durch den Regenwald wandern und versuchen einen Hirsch allein anhand seines Geruchs aufzuspüren. Für einen Menschen ist dies undenkbar, für einen Wolf ist es selbstverständlich. Ich beobachtete also, in welche Richtung Sorrow Ohren und Nase richtete, und war vor Überraschungen sicher.

Die Wölfe hatten eine unheimliche Fähigkeit, miteinander zu kommunizieren, die ich am ehesten als intuitiv beschreiben würde. Manchmal war ich davon überzeugt, mich nahe genug beim Rudel zu befinden, um jede Bewegung und jedes Geräusch sehen und hören zu können. Doch ohne dass ich irgendeinen Laut oder irgendeine Bewegung wahrgenommen hätte, erhob sich ein Wolf und schlug den Weg Richtung Strand oder Wald ein, und nach und nach pflegten die übrigen Tiere ihm zu folgen – ganz so, als hätten sie rein zufällig alle den gleichen Gedanken.

Eines Tages, als ich den Welpen beim Spielen auf einer Insel in der Flussmitte zusah, begann Bob zu heulen. Der Rest des Rudels stimmte ein, und auch die Welpen heulten, so oft und so gut sie konnten. Die Palette reichte von klagenden über jaulende und gebieterische Laute bis zu Heultönen von der Lautstärke eines Feuerwehrautos. Bob rannte mit gesenktem Kopf und gesträubten Nackenhaaren im Kreis herum und gab weiterhin ein hohes Jaulen von sich, das klang wie ein sich unablässig drehender quietschender Reifen. Die Welpen begriffen, dass etwas los sein musste.

Ohne dass die Welpen oder ich es bemerkt hatten, hatten die Alttiere außerhalb unserer Sichtweite erfolgreich gejagt. Das Rudel stimmte ungefähr 250 Meter östlich von uns ein Geheul an. Normalerweise ignorierten die Welpen und Raben diesen Chor, aber diesmal verhielt es sich anders. Die Raben flogen einer nach dem anderen langsam flussaufwärts. Das Heulen dauerte immer noch an, als die Welpen den Waldrand erreichten. Plötzlich stoppte der kleinste Welpe, eine Einzelgängerin, und rannte zurück zum Bau. Das Geheul ging weiter, und bald war offensichtlich, dass die Wölfe nun wegen der fehlenden kleinen Wölfin heulten, die nicht am Beuteplatz erschien. Das Muttertier und Alphaweibchen kam zum Mündungsgebiet und rief nach der Kleinen, aber diese antwortete nicht, zumindest soweit ich es beurteilen konnte. Die Mutter wirkte verärgert, vielleicht auch besorgt und kehrte zum Beuteplatz im Wald zurück.

Es vergingen 20 Minuten, und sie erschien erneut, durchquerte den Fluss und das Mündungsgebiet und ließ wieder den weithin hörbaren, beunruhigten Ruf ertönen, der an quietschende Reifen erinnerte und ausdrückte, dass es ernst war. Diesmal kam die kleine Wölfin zögerlich aus dem Bau, rannte zur Mutter und begann an ihrer Schnauze hochzuspringen. Sie sprang immer noch auf und ab, als die Mutter plötzlich große Brocken roten Fleisches hervorwürgte, die vor ihr auf den Boden fielen.

Vielleicht hatte sie mit ihrem widerspenstigen Verhalten ja genau das bezweckt. Vielleicht achten die Alttiere nicht so sehr darauf, dass alle Jungtiere ausreichend zu fressen bekommen. Diese kleine Wölfin hatte wahrscheinlich die bittere Erfahrung gemacht, dass sie aufgrund ihrer Größe bei fünf hungrigen Geschwistern im Kampf um das Futter oft den Kürzeren zog. Dank dieser Strategie konnte sie eher mit einer angemessenen Portion rechnen.

Das Forschungsteam gelangte, nachdem es zwei Jahre lang die Beuteüberreste im Kot von erwachsenen Tieren und Welpen analysiert hatte, zu der Schlussfolgerung, dass die Eltern und älteren Geschwister junge Hirsche den Welpen überließen und selbst die älteren Tiere fraßen. Möglicherweise geschah dies zum Schutz der Welpen: Je älter ein Hirsch ist, desto mehr Parasiten trägt er in seinem Körper, und Kitze sind deshalb für die Welpen, deren Immunsystem sich noch entwickelt, die sicherste Nahrungsquelle.

Um das Rudel nicht zu stören, inspizierte ich erst am nächsten Tag den Beuteplatz und stellte fest, dass es einen Biber erlegt hatte. Nach einigen weiteren langen Tagen am Ästuar, an denen außer den gelegentlichen Besuchen von Sorrow nicht viel passierte, beschloss ich, mir bei einer Erkundungstour ein wenig die Beine zu vertreten. Ich ließ meine Kameraausrüstung zurück, nahm Vorräte für einen Tag mit und brach auf. Ich wählte einen der Wolfspfade, die nach Osten führten, und folgte ihm, bis er andere Pfade kreuzte und zu einem sehr gut ausgetretenen Weg wurde.

Bereits nach zehn Minuten fand ich mich inmitten eines weitläufigen Netzes aus Biberdämmen wieder. Eine aktive Biberkolonie in der Nähe eines Wolfsbaus überraschte mich. Ich hätte erwartet, dass die Wölfe sie schon vor Jahren ausgehoben hatten, aber die Biber hatten offensichtlich einen gut funktionierenden Schutzmechanismus entwickelt. Dennoch mussten die Tiere gewiss stets auf der Hut sein.

Der Weg führte weiter durch den Wald, der hauptsächlich aus Gelb- und Rotzedern sowie Seekiefern bestand. Es gab dicke Heidelbeeren im Überfluss, und ich bemerkte zahlreiche Fressspuren von Huftieren an den Beerensträuchern. Zedernwälder gedeihen an Hängen oder auf Hügeln, wo das Wasser gut abfließt und sich keine Moore bilden.

Ich stieg kurz zu einem Moor hinunter, das sich in den ebenen oder nur leicht abfallenden Sammelbecken gebildet hatte. Das Moos war so dick und nass, dass ich einen Stock drei Meter tief hineinbohren konnte, ohne auf Grund zu stoßen. Aber solange ich auf dem Wolfspfad blieb, bestand keine Gefahr, denn er wurde ganzjährig genutzt, und die Wölfe wussten genau, wo der Boden fest war.

In Tiefschneegebieten bewegen sich die Wölfe im Gänsemarsch, sodass nur ein Tier den Weg erschließen muss. Hier an der wilden Pazifikküste tun die Wölfe in den Moorgebieten das Gleiche. Der einzige Unterschied ist, dass die Pfade hier nicht ständig erneuert werden müssen.

Weiter vorne konnte ich Zedernstümpfe sehen, einen alten Zaunpfahl und durch die Salalbüsche hindurch die

Überreste einer alten Siedlung. Die Haupthütte war halb eingestürzt. Sie bestand aus von Hand zugehauenen Zedernstämmen, die mit Schwalbenschwanzverbindungen miteinander verzahnt waren – ein feines Stück Baukunst. Es kam mir fast so vor, als sei ich auf einem Geschichtslehrpfad unterwegs. Vor mehr als 100 Jahren hatten Skandinavier versucht, diese Gegend zu besiedeln, vor allem wegen angeblicher Goldvorkommen und der Nähe zu den Lachskonservenfabriken. Viele dieser entlegenen Gebiete an der Außenküste, deren Ebenen den Eindruck von fruchtbarem Ackerland vermittelten, waren Schauplatz gescheiterter Siedlungsversuche.

Zunächst erschien es den Neuankömmlingen aus Europa wie das Paradies: Flüsse voller Lachse, Watt-Wiesen für das Vieh, ein Land des Überflusses, das gezähmt und genutzt werden konnte, sobald man Deiche errichtet hätte, um die Dünung von den Ästuaren fernzuhalten. Man glaubte daran, dass man mit Schweiß und Ausdauer alles würde erreichen können – und natürlich mit dem landwirtschaftlichen Wissen, das man aus Europa mitbrachte.

Alles, was von diesen Träumen und der Mühsal übrig blieb, liegt hier vor mir: verrostete Pflüge und die Gerippe morscher Blockhäuser, und wenn man genau genug hinsieht, fallen Erhebungen auf, die einst Deiche waren. Was ging in ihren Köpfen vor? Wie naiv zu glauben, man könne die Gezeiten bezwingen an einer Küste, auf die Niederschläge von über 3500 Millimeter im Jahr fallen und Brandungen mit einem Tidenhub von sechs Metern prallen, die zudem noch von heftigen Stürmen mit Orkanstärke unterstützt werden.

Doch es warteten noch weitere Überraschungen auf mich. Als ich an der Ostküste der Insel einen Abstecher zu einer von Fichten und Hemlocktannen gesäumten Ebene machte, stieß ich auf eine Reihe von »Ruhebetten« des Surf Pack. Unzählige Federn von Kanadareihern lagen ringsherum verstreut. Das war merkwürdig: Ein Kanadareiher ist keine leichte Beute für einen Wolf, und der Nährstoffgewinn ist den Energieaufwand der Jagd nicht wert. Dann blickte ich nach oben und stellte fest, dass ich mich unter einer großen Reiherkolonie befand; wahrscheinlich fiel ab und an eine kleine Zwischenmahlzeit für die Wölfe ab, wenn ein Jungvogel aus dem Nest stürzte.

Der Pfad führte von hier aus gen Süden und Norden weiter. Ich entschied mich für die Nordroute, die sich durch weißen Sand und grauen Granit zu einem Pfad zwischen den Fichten schlängelte. Die Strandwege wurden vor allem bei Flut für Wanderungen von Landspitze zu Landspitze genutzt. Nach 100 Metern machte der Pfad eine starke Biegung und führte zu einem Inselchen, auf dem sich eine Baumgruppe duckte. Es handelte sich um einen häufig genutzten Ruheplatz von Flussottern – der erste von insgesamt neun, die ich entlang dem Wolfspfad gefunden habe.

Doch noch weitere potenzielle Nahrungsquellen lagen vor mir. Hinter der nächsten kleinen Bucht gelangte ich zu einer Landspitze und einigen Felsen, auf denen circa 25 Seehunde lagerten. Mit ihren zum Himmel gerichteten

Köpfen und Schwänzen sahen sie auf den ersten Blick aus wie Bananen. Ich vermutete, dass die Wölfe nachts zu den Felsen hinausschwammen und im Schutze der Dunkelheit angriffen, wenn die Tide gefallen war und die Seehunde vom sicheren Wasser weiter entfernt waren.

Später tauchte der Weg wieder in den Wald ein, und dort entdeckte ich auf einer hohen Fichte das alte Nest eines Weißkopfseeadlerpaares. Unter dem gewaltigen Gewirr aus Zweigen, Stöcken, Seilen und Plastik hatten Krähen ihr Nest gebaut und fraßen, was immer an Leckerbissen über den Rand des Adlernestes herabfiel.

Kurz darauf wandte sich der Pfad in Richtung zweier Minkhöhlen und einer kleinen mit Treibholz verstopften Bucht. Hier würde sich alles sammeln, wenn die Outflow- und die Nordwinde zunahmen – ein Seehund, den ein Fischer abgeschossen hatte, ein an Altersschwäche gestorbener Wal, ein Treibnetz voller Fische und anderes mehr.

Die Wölfe schienen die Küste beständig zu überwachen, denn der Pfad war durchgehend ausgetreten. Ich vermute, dass ihre Strategie teilweise auf der simplen Prämisse basierte, dass die Chancen, auf Nahrung zu stoßen, umso besser standen, je mehr Kilometer sie zurücklegten, und teilweise auf althergebrachten Ritualen und Gewohnheiten. Und wenn Wölfe auf der Jagd sind, dann müssen sie sich bewegen, das ist in ihren Genen verankert, es liegt in ihrem ureigenen Wesen.

Der letzte Abschnitt führte mich vom Fluss auf der Ostseite der Insel, in dem die Lachse ihre Laichgründe haben, geradewegs über einen höheren bewaldeten Berghang, auf dem ich viele Lagerstätten und Losung von Hirschen fand, und schließlich wieder hinab zu den Lachsflüssen auf der Westseite der Insel. Die Route bot ein schwindelerregendes Nahrungsangebot für Raubtiere.

Als ich in dieser Nacht auf die *Companion* zurückkehrte, berechnete ich die zurückgelegte Strecke. Ich hatte ungefähr zehn Stunden benötigt, um den Küstenrundgang und den Weg quer über die Insel zu bewältigen – insgesamt nur um die zehn Kilometer. Eine Wolfsfamilie würde hierfür höchstens zwei Stunden benötigen – zwei Stunden, in denen sie auf über 20 unterschiedliche Nahrungsquellen zugreifen konnte.

Einige Tage später fiel mir morgens eine gewisse Unruhe auf: Die Raben machten mehr Lärm und hielten sich dicht am Boden in der Nähe der Wasserkante. Ein herumwandernder Wolf ließ die Vögel auseinanderstieben, und beim Auffliegen sahen sie aus wie fliegende Wagenräder. Doch sie kehrten umgehend zurück. Das Rudel hatte an der Küste nahe dem Strand Beute gemacht.

Nach einer Weile marschierte Bob mit etwas Großem, Fleischigem im Maul auf die Felsen im Watt zu; dann verschwand er in den Wäldern. Zehn Minuten später ließ das gesamte Rudel ein Heulen ertönen. Einer der Welpen kehrte zum Ufer zurück, zerrte an der Beute und trabte dann auf mich zu. Als ich sah, was er im Maul trug, traute ich kaum meinen Augen: Seitlich baumelte ein etwa

60 Zentimeter langer fleischiger Arm aus seinem Maul, der mit großen, weißen, kreisförmigen Saugnäpfen bedeckt war. Es sah aus wie der Tentakel eines Kraken.

Ich wartete, bis nach Einsetzen der Flut das Areal, wo die Wölfe gefressen hatten, mit Wasser bedeckt war. Als sie sich für den Nachmittag flussaufwärts zurückgezogen hatten, fuhr ich mit dem Kanu durch die leichte Dünung. Am Beuteplatz angekommen, erkannte ich rasch, dass es sich nicht um einen Kraken, sondern um mehrere riesige Humboldt-Kalmare handelte. Ich hatte noch nie Kalmare von solcher Größe gesehen. Die Kopffüßer mussten mit der Flut an die Küste gekommen und in ein altes Fischwehr geraten sein. Die Wölfe hatten ein Festmahl abgehalten, und der Strand war übersät mit abgebissenen Tentakeln, großen schwarzen Kalmarschnäbeln, Tinte und Fleisch.

Ich konnte also den Speiseplan der Küstenwölfe um eine weitere marine Spezies ergänzen. Bestimmt hatte zumindest eines der Tiere einen Schluck Tinte abbekommen – in Japan soll dies als Delikatesse gelten, aber es ist fraglich, ob ein Wolf diese Einschätzung teilt. Ich nahm ein Stück Kalmar für mein eigenes Abendessen mit.

Obwohl ich eigentlich hier war, um Wölfe zu studieren, verbrachte ich schließlich mehr Zeit mit der Beobachtung von Raben. Die schwarzen Vögel waren stets beim Rudel oder in dessen Nähe anzutreffen, und wenn sie im Blätterdach der Bäume kreisten, zeigten sie mir damit die Schlafplätze der Wölfe an.

Wenn sich das Rudel in einer absoluten Ruhephase befand, verteilten sich die Wölfe oft zu beiden Seiten des Flusses; manche der Tiere schliefen im offenen Mündungsbereich, verborgen von hohem Gras, andere ruhten im Schutz des Waldes. Sie alle zu lokalisieren kann dann eine mühsame Angelegenheit werden, aber für gewöhnlich fand ich sie zuverlässig dort, wo die Raben ihre Kreise zogen.

Zwischen Wölfen und Raben besteht offensichtlich eine Beziehung, von der beide Seiten profitierten. War kein Rabe zu sehen, bedeutete dies normalerweise, dass die Wölfe weiter entfernt Beute gemacht hatten. Die Raben schnappten sich die Reste am Beuteplatz und fraßen sogar neben den Wölfen, wenn Fleisch in entsprechend großen Mengen vorhanden war.

Das Lager der Wölfe war äußerst sauber, was größtenteils den Raben geschuldet ist, die den Kot fressen. Das taten sie besonders gern, wenn die Wölfe Meeressäuger verzehrt hatten – der Kot roch dann meist sehr stark, was für die Raben ein Qualitätsmerkmal zu sein schien. Raben sind oft die letzten, die noch an dem Kadaver eines von Wölfen erlegten Tieres fressen. Danach folgen sie den Wolfsfährten und fressen den Kot, während sie zum Rudel aufschließen.

Aber wie profitieren die Wölfe von der Anwesenheit der Raben? So wie ich den Raben folgte, um die Wölfe aufzuspüren, so nutzen wahrscheinlich die Wölfe die Raben, um mich und andere Fremde in ihrem Revier im Auge zu behalten. Die Raben können auch weitaus größere Strecken zurücklegen, was bei der Suche nach angespülten Kadavern an der Küste hilfreich ist. Die Wölfe werden von den Vögeln auf die Kadaver aufmerksam gemacht, und sie zerreißen dann die feste Haut, wovon die Raben profitieren. Denn Seehunde und -löwen besitzen eine sehr dicke Haut und eine zentimeterstarke Fettschicht, die Raben nur mit Mühe selbst durchdringen könnten.

An anderen Orten, an denen Wölfe und Raben koexistierten – beide Arten waren lange Zeit in der gesamten nördlichen Hemisphäre weit verbreitet –, wurde ihre Beziehung als evolutionärer Prozess beschrieben. So schreibt der Wolfsforscher L. David Mech: »Beide Arten sind äußerst sozial. Sie müssen also über die psychischen Mechanismen verfügen, die zum Aufbau sozialer Bindungen notwendig sind. Vielleicht haben einzelne Vertreter der beiden Arten auf irgendeine Weise Individuen der anderen Spezies in ihre Gruppe aufgenommen und Beziehungen zu ihnen aufgebaut.«

Ich habe beobachtet, wie Wölfe, insbesondere Welpen, und Raben stundenlang miteinander spielten. Den Raben bereitet es außerordentliches Vergnügen, auf die nichtsahnenden Welpen herabzustürzen und im Flug nach ihren Ohren zu picken. Die kleinen Wölfe wiederum schnappen nach den Raben und pirschen sich an sie heran, wenn sie am Boden sitzen. Obwohl die Welpen es allem Anschein nach versuchen, habe ich nie erlebt, dass sie tatsächlich einen Raben gefangen haben. Sollte es ihnen jemals gelingen, würden sie sich vermutlich so miserabel fühlen, als hätten sie ein Familienmitglied getötet.

Chris Darimont analysierte für seine Nahrungsstudie mehr als 3300 Kotproben, die im gesamten Gebiet von den Inseln der Außenküste bis zu den Coast Mountains gesammelt wurden. Es zeigte sich, dass darin zwar Überreste einer Vielzahl von Vögeln wie Kanadakraniche, Kanadagänse, Enten und Reiher enthalten waren, erstaunlicherweise aber nie solche von Raben. Mech kam bei der Analyse Tausender von Kotproben in Alaska zu demselben Ergebnis.

Wolf und Rabe treten also nicht nur in der Mythologie der germanischen Völker als Paar auf. Robert H. Busch erzählt in *The Wolf Almanach*: »[...] der Gott Odin hatte stets zwei Wölfe an seiner Seite, die ihn in den Kampf begleiteten, gemeinsam mit zwei Raben, die sich über die Körper der Toten hermachten. Der Name Wolfram, zusammengesetzt aus den Begriffen Wolf und Rabe, wurde zu einem bedeutenden Kriegernamen, und begegnete man auf dem Weg in den Kampf einem Wolf in Begleitung eines Raben, galt dies als Vorzeichen für den sicheren Sieg.«

Die Angehörigen des Tlingit-Volkes im Norden des Küstenregenwaldes sind mit den Beziehungen zwischen Wölfen und Raben seit so vielen Tausend Jahren vertraut, dass diese sogar ihre eigene Sozialordnung bestimmen: Die Tlingit sind im Wesentlichen in zwei Gruppen unterteilt, Raben und Wölfe. Die beiden Gruppen durften nicht innerhalb der eigenen Reihen heiraten. Laut Tom McFeat in *Indians of the North Pacific Coast* musste »ein Rabenmann eine Wolfsfrau heiraten und ein Wolfsmann eine Rabenfrau«. Die Kinder dieser Paare zählen zur Verwandtschaftsgruppe der Mutter.

Der Rabe steht nach den Glaubensvorstellungen der Tlingit zwar über dem Wolf, aber in den Zeremonien der Tlingit spiegelt sich die Gegenseitigkeit der Dienste wider, die sich die beiden Tiere erweisen. So ist es nur Mitgliedern des Wolfsclans gestattet, die Trauerzeremonien für einen Raben zu leiten, und bei Festen durften Raben nur von Wölfen Geschenke annehmen.

Ich habe beim Beobachten der Wölfe viel über die indigenen Völker an dieser Küste gelernt, und umgekehrt habe ich beim Studium der traditionellen Kultur viel über Wölfe gelernt. Angesichts der engen historischen Beziehung von Wölfen und Menschen kommt es mir manchmal so vor, als ob die Wölfe vielleicht nur darauf warten würden, dass ein aufgegebenes Dorf wieder von ihnen gemeinsam bewohnt werden wird.

Ein wesentlicher Unterschied zwischen den Wölfen und mir ist, dass ich bereits im Voraus weiß, was ich abends essen werde. Nachdem ich etliche Jahre auf dem Boot gelebt habe und mich für lange Fahrten auf dem offenen Meer eindecken musste, verfüge ich immer über Vorräte für mehrere Monate. Abgesehen von vereinzelten Lagern betreiben Wölfe keine Vorratshaltung. Ihre Ernährung hängt vom Erfolg der letzten Jagd ab.

Jeden Morgen wanderte das Rudel flussabwärts, überquerte sechs steinerne Fischwehre und sammelte sich auf einer Landspitze aus Granitfelsen, um dann gemeinsam am Strand zu rennen, und ich begab mich normalerweise erst flussaufwärts, wenn die Wölfe dieses Morgenritual beendet hatten. An einem solchen Morgen konnte ich einige Alttiere in der Wärme der ersten Sonnenstrahlen auf den glatten Felsen schlafen sehen. Plötzlich standen einige auf und blickten zur anderen Seite der Bucht.

Das Alphamännchen kam am Waldrand entlang zum Rudel getrabt. Wenige Minuten später war es dort angekommen, und gemeinsam kehrten die Wölfe im Gänsemarsch in die Richtung zurück, aus der es gekommen war. Das war ein ungewöhnlicher Anblick.

Zwölf Wölfe in einer Reihe zogen nur Schritte entfernt geradewegs über die Sandbänke in Richtung des Küstenpfads, der an einem kleinen, temporären Nebenflüsschen entlang nach Westen führte. Ich hatte noch nie erlebt, dass auch die Welpen mit solcher Dringlichkeit auf einen so langen Marsch mitgenommen wurden – zumindest nicht mitten am Tag. Vielleicht war das Rudel im Begriff, den Standort zu wechseln.

Ich musste eine Entscheidung treffen: Bliebe ich ihnen zu dicht auf den Fersen, würde ich sie vielleicht erschrecken, und falls sie zu den felsigen Steilhängen hinaufstiegen, könnte ich ihnen dort nur schwer folgen. Dann bemerkte ich zwei Welpen, die unter einem Baumstamm nach etwas gruben. Sie lagen ein gutes Stück hinter dem Rudel zurück, und es würde relativ einfach sein, diesen beiden unbemerkt zu folgen. Bald liefen die Welpen eilig weiter, um mit dem Rudel aufzuschließen, und ich eilte hinterher.

Im Wald konnte ich den Spuren recht gut folgen, und gelegentlich sah ich die beiden Knirpse weiter vorne, wie sie umherstromerten und alles Erdenkliche auskundschafteten. Der Pfad führte mich in einen Hain mit Riesenlebensbäumen, wie die Rotzedern auch genannt werden. Allerdings handelte es sich hier nur um kleine Riesen, denn aufgrund der extremen Witterungsverhältnisse in diesem Winkel der Erde wächst hier nichts in die Höhe. Aus vielen Bäumen hatten Indianer vor Jahren Planken herausgeschnitten. Die Bäume mussten sehr alt sein, so, wie die Wunden zugewachsen waren. Zwischen Stinkkohl und Heidelbeersträuchern hindurch mündete der Pfad schließlich weiter unten in einen weiten offenen Teppich aus Torfmoos, auf dem hier und da knorrige Seekiefern wuchsen.

Ich hatte einmal in meinem Garten einen dieser winzigen Bäume gefällt und ein Vergrößerungsglas benötigt, um die Ringe zählen zu können: Ich zählte über 100 Jahresringe bei diesem Stamm, der einen Durchmesser von lediglich 15 Zentimetern hatte.

Fünf Kilometer weiter und drei Stunden später folgte ich noch immer den Welpen. Ich war überrascht, dass die erst fünf Monate alten Tiere während einer so weiten Reise weithin auf sich selbst gestellt blieben.

Ich bestieg einen der größeren Hügel, um die der Pfad herumführte. Von seiner Kuppe aus konnte ich weit nach Norden blicken und sah, dass sich der grauschwarze Himmel weiter verdunkelte. Das Barometer war am Morgen rasch gefallen, und ich hätte eigentlich bereits auf dem

Boot sein sollen, um den Südoststurm gen Norden abzureiten.

Es fiel mir schwer zu gehen, ohne zu wissen, wo das Rudel war und warum die Kleinen so weit laufen mussten. Das sorglose Sommerleben, in dem Welpen einfach nur Welpen sein dürfen, ging für diese sechs Wolfskinder langsam zu Ende. Bald würden die Herbststürme durch den Wald fegen, und auch die ersten kalten Outflow-Winde vom Binnenland standen bevor. Sie würden dieser Insel und ihren Bewohnern eisige Kälte bringen.

Der Wind peitschte von hinten auf mich ein, und mein Hut flog davon, Kameraobjektiv und meine Plane hinterher – unwiederbringlich verloren. Kalter Regen lief mir über den Rücken, und als ich zum Meer blickte, fröstelte ich angesichts des schwarzen Himmels und der Schaumkronen, die über das graue Wasser jagten. Ich beschloss, zum Boot zurückzukehren.

Ich lichtete den Anker, ging nach achtern und setzte das Segel. Mit einem lauten Knall füllte sich die Leinwand und drehte den Bug der *Companion* schnell in den Wind. Unter Sturmsegel ritt ich die großen Wellen ab. Gischt und Wellenberge umgaben mich. Ich hörte, wie unten ein Teller auf dem Boden zerbrach, aber ich machte mir nicht die Mühe nachzusehen. Ich musste meine Hände am Steuerrad halten.

Dabei fragte ich mich, wo die Welpen waren. Hatten sie sich dem Rudel wieder angeschlossen? Waren sie bis zu der Kreuzung von Küstenpfad und Inselpfad gekommen?

Standen sie vielleicht gerade auf einem frisch erlegten Tier und hatten den Geschmack von Fleisch und frischem Blut im Maul, voll Vorfreude auf den Lachs, den sie bald zum ersten Mal kosten würden? Ich hoffte es.

Als ich angestrengt durch den fast waagerecht peitschenden Regen zurückblickte, verschmolz die Heimat des Surf Pack zu einem schwarzen Streifen am Horizont. Es war hart, Abschied zu nehmen, gerade jetzt, da meine Sinne sich für diesen Ort und die täglichen Abläufe geschärft hatten. Ich hatte sogar begonnen, bei Entscheidungen meiner Nase zu folgen, und den Raben zugehört, um zu erfahren, was die Wölfe gerade taten. Doch es war Zeit nachzusehen, wie es dem Fish Trap Pack ergangen war.

Lachswälder Herbst

Der Regen hämmerte auf das Dach meines Bootes; es klang, als ob ein Gorilla darauf einschlug. Gleichzeitig erfassten Sturmböen das Boot längsseits, und ich wurde fast aus meiner Koje geschleudert. Aber ich wusste, dass nun der Lachs endlich seine Laichgründe im Wald aufsuchen würde – und dass die Wölfe ihn schon erwarteten.

Es war der trockenste Sommer an der mittleren Küste seit Beginn der Aufzeichnungen vor 100 Jahren gewesen. Noch nie hatten die Ältesten in Waglisla von ihrem Dorf aus so viele schneefreie Berggipfel erblickt. Selbst der Wasserstand der von den Seen gespeisten Flüsse war zu niedrig, als dass die Lachse hätten flussaufwärts schwimmen können. Also sammelten sie sich an der Mündung. Meeresraubtiere wie Seehund, Seelöwe, Heilbutt und Wal, aber auch Adler und Menschen hatten sich satt gegessen.

Ich hatte das Territorium des Fish Trap Pack nur für wenige Monate verlassen, aber als ich die schmale Bucht hinaufsegelte, spürte ich sofort die ungewöhnliche Ruhe.

Ich machte halt, um die Wurfhöhle zu inspizieren. Schon bevor ich den Anker warf, wusste ich, dass die Wölfe nicht dort waren. Nicht nur, weil ich im Wald keine Vögel sehen oder hören konnte, sondern weil diese Insel sich im Gegensatz zu den Nachbarinseln nicht im Lachsgebiet befindet. Bevor der Lachs flussaufwärts wandert, wechselt deshalb das Fish Trap Pack den Standort und schwimmt über den Kanal zu den Laichgründen. Inseln mit Zugang zu großen Laichgebieten werden aber meist auch von Nahrungskonkurrenten wie Bären bevölkert, weshalb die Wölfe sie im Frühling und Sommer meiden, solange die Welpen schutzbedürftig sind.

Die Strecke war die bisher längste, welche die Welpen schwimmend zurücklegen mussten, aber ich wusste, dass es ihnen gelungen war. Ich hatte das Glück, einmal im August die Wölfe dabei beobachten zu dürfen. Für gewöhnlich hatte ich nie Gelegenheit, sämtliche Rudelmitglieder gemeinsam zu sehen, aber für diese Reise waren alle zur Stelle. Sie schwammen in einer Reihe hintereinander, wobei die Erwachsenen Vor- und Nachhut der Wolfsflottille bildeten. Wölfe durchschwimmen Wasserwege so, wie wir eine Straße überqueren, und blicken zunächst nach links und rechts, um sich zu vergewissern, dass kein Verkehr kommt.

Viele Male bin ich mit einem Motorboot um eine Flusswindung gebogen und habe unbeabsichtigt einen Wolf zur

Umkehr gezwungen. Wölfe sind vorsichtig, denn sogar Elche und Hirsche wurden auf dem Weg zu einer anderen Insel bereits von Orcas verschlungen, und manch ein mit einem Gewehr bewaffneter Mensch würde wenig Mitleid zeigen.

Als die Wölfe in jenem August das andere Ufer erreicht hatten, schüttelten sie das Salzwasser ab, blickten zurück und warteten auf Three Legs. Ich konnte mir nur ausmalen, was diese neue Erfahrung für die Welpen bedeutete – eine andere Inselgruppe, eine Erweiterung der Grenzen ihres Territoriums, ein neuer Spielplatz, den es zu entdecken galt.

Zurück in der Gegenwart, machte ich an der Gezeitenlinie den Hauptpfad zur Wurfhöhle aus. Nur die frische Fährte eines erwachsenen Wolfes zeichnete sich auf dem lehmigen Boden ab, Welpenspuren waren nirgends zu sehen. In der Umgebung eines bewohnten Wolfslagers findet man üblicherweise Tausende von Spuren. Somit war klar, dass das Rudel sich zum Lachsfang aufgemacht hatte.

Ich folgte dem Pfad am Ufer eines kleinen Sees entlang und näherte mich dem Bau. Mir war aufgefallen, dass Wölfe für die Wurfhöhlen Plätze mit dichter Vegetation wählen, insbesondere zwischen Salalsträuchern, die wie Reispapier laut knistern, wenn man dazwischen hindurchgeht. Es ist nahezu unmöglich, sich unentdeckt zu nähern.

Das Gras vor der Höhle war plattgetrampelt, und überall hatten die Welpen bei ihren Scheinkämpfen, beim Schlafen, Graben und Erkunden das blanke Erdreich freigelegt.

Ein Gewirr an Spuren führte zu und aus den Höhlen unter den beiden großen knorrigen Zedern, die sich über den von Tannin verfärbten See neigten. Die Spitzen umgefallener Zedern, deren Stämme tief im schlammigen Seegrund steckten, ragten hier und da aus dem Wasser heraus. Möwen bauten ihre Nester in diesen sicheren, moosigen Wipfeln. Vom anderen Seeufer her erklang der Ruf eines Seetauchers.

Ich habe mehr als 30 Wurfhöhlen an der Küste gesehen. Sie waren alle in einer schönen Umgebung gelegen, doch dieser Platz war mit Abstand der herrlichste. Auch wenn ich mir sicher bin, dass das Rudel den Standort gewählt hat, weil er Nahrung und Süßwasser bietet und gut zu verteidigen ist, so hätte es auch nach ästhetischen Gesichtspunkten keinen besseren Platz finden können. Es scheint so, als deckten sich die Kriterien der Wölfe für die Standortwahl mit unserer Vorstellung von Naturschönheit. Aber es ergibt ja auch durchaus Sinn, dass wir Schönheit mit Zweckmäßigkeit und Nützlichkeit assoziieren.

Vom Bau führten strahlenförmig Pfade weg. Runde Kissen aus grünen und roten Moosen von einem Meter Durchmesser wuchsen ringsherum und dienten als Ruhebetten für die erwachsenen Tiere. Die Wurzeln einer mehrkronigen Rotzeder, die das Gewölbe der Wurfhöhle bildeten, wiesen überall Beißspuren auf, denn Wolfswelpen haben das unstillbare Verlangen, alles anzunagen, was ihnen unter die Augen kommt. Und inmitten von Moos und Gras plätscherte ein Bach hinab.

Die Höhle selbst verströmte einen trockenen und behaglichen Geruch. Ich leuchtete mit der Taschenlampe hinein und betastete den festgetretenen Boden, dessen Unebenheiten mit weichen Rindenschnitzeln, Zweigen, Gras und getrocknetem Moos gepolstert waren. Überall lagen Büschel von Welpenfell, und an manchen Stellen der Höhlendecke hatten sich Deckhaare der Mutter verfangen. Die Höhle hatte so vielen Würfen des Fish Trap Pack als Schutz gedient, dass die Wurzeln, die den Eingang bildeten, ganz glatt poliert waren.

Die radiometrische Datierung von Beutetierknochen aus einer Wurfhöhle in der Arktis lässt darauf schließen, dass Wölfe jenen Bau über einen Zeitraum von 700 Jahren genutzt haben. Ich betrachtete einige der Zedern hier – 700 Jahre sind für diese Bäume kein ungewöhnliches Alter.

In der Umgebung der Höhle lagen Hirschknochen und Federn, die wohl von Kanadagänsen stammten. Ich fragte mich, ob die Wölfe wohl im nächsten Jahr hierher zurückkehren würden. Sie schienen den Bau zwar immer wieder zu nutzen, aber mit Unterbrechungen, da im Rudel das Muttertier wechselt und jede Wölfin eigene Vorstellungen von einer idealen Wurfhöhle hat. Im Südosten Alaskas lokalisierte Dr. Dave Person vom dortigen Ministerium für Fischerei und Jagd zwischen 1993 und 2004 insgesamt 22 Wurfhöhlen. Alle lagen in Wäldern mit altem Baumbestand und ungefähr 100 Meter von einer Süßwasserquelle entfernt. Bis auf einen Bau unter einem umgefallenen Stamm waren alle in das Wurzelwerk alter Bäume gegraben worden.

Nachdem ich am gegenüberliegenden Ufer des Kanals wieder vor Anker gegangen war, ließ ich das Kanu zu Wasser und paddelte langsam in die Bucht. Flussaufwärts waren die aufgeregten Schreie der Raben, Möwen und Adler zu hören. Um mich herum sprangen und drängten sich die Lachse, sodass die Wasseroberfläche zu brodeln schien.

Als ich den Strand erreichte, hoffte ich, unauffällig und ohne zu stören meinen Standort im Wald zu erreichen. Aber als ich mich dem Wald zuwandte, blieb ich schlagartig stehen: Direkt hinter den goldenen und roten Holzapfelbäumen saß Ernest und wartete. Wie immer verstellte er mir genau den Weg und tat, was Ernest am besten konnte: unverwandt starren. Er hatte mich ohne jeden Zweifel erkannt. Nach einem stillen Gruß ging ich in einem Bogen an ihm vorbei. Ich wusste, dass ich in einem Wettkampf im Anstarren gegen den selbst ernannten Wachposten des Rudels unterliegen würde. Er hatte schon in sehr frühem Lebensalter – gut einige Monate zuvor – begriffen, dass es mit Heulen, Knurren oder ganz allgemein mit dem Umstand, ein Wolf zu sein, nicht gelang, mich einzuschüchtern und dass er keine große Aufmerksamkeit erhielt, wenn er die Erwachsenen alarmierte.

Ich war mir ziemlich sicher, dass der Rest des Rudels ganz froh war, für eine Weile seine Ruhe vor Ernest zu haben, und wenn es diesem komischen Kauz, der unter dem Baum herumlungerte (mir), Spaß machte, Ernest zu unterhalten, dann bitte sehr. Ernest dagegen war überzeugt, dass der Schutz des Rudels auf seinen Schultern ruhte. Seine Strategie bestand darin, sich forsch an deutlich sichtbarer Stelle auf die Hinterläufe zu setzen und mich mit gespitzten Ohren und gefurchten Brauen direkt und regungslos anzustarren.

Ich hatte irgendwo gehört, dass jeder Mensch in der Lage ist, jedes beliebige Säugetier der Erde mit seinem Blick aus der Fassung zu bringen, und ich hatte festgestellt, dass dies funktionierte – außer bei Ernest. Er war schon als Welpe ein eigentümlicher Wolf, der sich oft vom Rudel absetzte und das Mündungsgebiet auf eigene Faust erkundete, während die anderen Welpen lieber in der Gruppe unterwegs waren. Dabei schien er nicht am unteren Ende der Rangordnung zu stehen, und wenn alle Welpen zusammen waren, machte es sogar den Eindruck, als sei er das Alphatier unter den Geschwistern. Ich denke, er hatte einfach einen Hang zur Unabhängigkeit und regelte Dinge gerne selbst.

Während ich ihn vom Wald aus beobachtete, fragte ich mich, welche Rolle er später in der komplexen und sehr sozialen Hierarchie seiner Familie übernehmen würde. Kam es eher auf Stärke und physische Dominanz oder auf Intelligenz und soziale Kompetenz an? Ernest schien alles zu besitzen. Ich vermute, dass, ebenso wie bei menschlichen Anführern, eine Kombination dieser Eigenschaften optimal ist. Vielleicht sind manche Welpen schon von klein auf dazu bestimmt, die Führung zu übernehmen.

Die Verantwortung erschien mir enorm. Das Alphatier führt bis zu 15 Individuen an, hält das Rudel zusammen, gibt die Jagdstrategien vor und entscheidet – normalerweise mit leerem Magen –, ob man zur Beutesuche den Standort wechseln oder in der Hoffnung auf eine erfolgreiche Jagd geduldig ausharren soll. Die Führung eines Wolfsrudels ist eine komplexe Angelegenheit und variiert je nach Jahreszeit und Rudel. Daneben scheint eine geschlechterspezifische Rollenverteilung allgemein üblich zu sein. Die männlichen Leittiere führen die übrigen Männchen für gewöhnlich an, wenn es um die Jagd oder Revierverteidigung geht. Aber viele Male, wenn ich in der Nähe der Welpen war, fiel mir auf, dass bei der Verteidigung des Rudels das Alphaweibchen den Ton angibt. Und eine der wichtigsten Entscheidungen, nämlich die Wahl der Wurfhöhle, die für Monate zum Stammsitz des Rudels wird, trifft jeweils das trächtige Weibchen.

Bei all seiner Eigentümlichkeit war Ernest ein ausgesprochen schöner Wolf: Schwarze Streifen glänzten in seinem Fell, und sein stolzer Gang unterschied ihn von seinen Geschwistern. Ich war noch nie einem jungen Wolf wie ihm begegnet. Er war von solch enervierender Ernsthaftigkeit, dass mir mein Vordringen zum Rudel regelrecht peinlich war. Aber als ich erst einmal an ihm vorbei war und meinen verborgenen Standort unter den Bäumen bezogen hatte, bewunderte ich ihn sehr dafür. Es war, als ob er versuchte, sich vom Rest des Rudels abzuheben – und sei es auch nur für eine kurze Weile. Diese unterschiedlichen Verhaltensweisen machen die Beobachtung von Wölfen so interessant; jedes Rudel setzt sich aus so vielen verschiedenen Persönlichkeiten zusammen.

Ernests Strategie des Starrens war recht wirkungsvoll. Wir einigten uns schließlich darauf, dass ich an meinem Platz unter dem Grüppchen aus Fichten und Hemlocktannen bliebe, anstatt dort herumzustreifen, wo sich die Wölfe zum Fischen sammelten, und im Gegenzug würde Ernest aufhören, mich anzustarren.

Obwohl ich die Beziehung zu Ernest gerne vertieft hätte, wusste ich doch, dass ein an den Menschen gewöhnter Wolf, der naiv und ohne Vorbehalt Zweibeinern vertraut, nicht alt werden würde – nicht einmal in dieser entlegenen Gegend der Erde. Im Vergleich zum übrigen Nordamerika, vielleicht zur ganzen Welt, leiden die Wölfe hier wohl noch am wenigsten unter der Verfolgung durch den Menschen, aber dennoch müssen sie auf der Hut sein.

Wölfe werden hier meist willkürlich getötet. Es gibt keine Abschussbegrenzung für kommerzielle Jagdführer. Ortsansässige Jäger dürfen drei Wölfe pro Jahr schießen. Sie benötigen dafür keine spezielle Lizenz, während eine solche für die Jagd auf alle anderen Großsäugetiere und sogar auf Gänse oder Enten erforderlich ist. Da es in British Columbia keine obligatorische Meldepflicht gibt, weiß niemand genau, wie viele Wölfe von Jägern getötet werden, aber man schätzt, dass im gesamten Great Bear Rainforest zwei bis drei Prozent der Regenwaldwölfe alljährlich auf diese Weise umkommen. In der Nähe von

Gemeinden und Straßen liegt die Anzahl der getöteten Tiere signifikant höher.

Aufgrund des gemäßigten Klimas ist das Fell der Regenwaldwölfe für den Handel weniger interessant als das der Wölfe in Alaska oder im kanadischen Binnenland, weshalb ihr Fang als nicht rentabel gilt. Aber wenn Hirsch- oder Bärenjäger, Fischer, Holzfäller oder Grundbesitzer einen Wolf sehen, werden sie höchstwahrscheinlich auf ihn anlegen. Manche Jagdführer werben mit Wolfsjagden und rühmen sich ihrer Fähigkeit, Wölfe aufzuspüren und zu erlegen. Viele Jäger, mit denen ich sprach, erklären, sie würden den Wölfen eine Lektion erteilen – als ob ein totes Tier, wie intelligent es auch sein mag, eine Lektion lernen könnte.

Einige Jäger bringen als Entschuldigung vor, dass sie mit dem Abschuss von Wölfen zur »Verbesserung des Huftierbestands« beitrügen. Allerdings haben moderne Studien zu Krankheiten bei Huftieren ergeben, dass solche Populationen in Gegenden, in denen es weder Wölfe noch andere Raubtiere gibt, mit sehr viel größerer Wahrscheinlichkeit Infektionen zum Opfer fallen. Hinzu kommt, dass Wölfe überwiegend Fleisch fressen und kontinuierlich fressen müssen. Falls also der Hirschbestand abnimmt, schwindet auch – oft in kürzester Zeit – die Zahl der Wölfe, woraufhin sich der Hirschbestand meist rasch wieder erholt. Das ist eine elementare Gesetzmäßigkeit der Raubtier-Beutetier-Dynamik. Nur auf einigen abgelegenen Inseln in British Columbia, kleiner als die des Surf Pack, kann es Wölfen gelingen, die Hirschbestände zu dezimieren, ohne dass die eigene Population abnimmt, indem sie auf Nahrung aus dem Meer ausweichen. Eine solche Ernährung hat jedoch ihre Grenzen, und die Wölfe ziehen entweder häufig zu anderen Inseln weiter, oder sie sterben.

Wenn Menschen Wölfe bejagen, zieht sich die Wolfspopulation oftmals zurück und vermehrt sich in größerem Maß. Menschen sind die einzige Spezies der Erde, die sich selbst die Haare vom Kopf frisst. Die Osterinsel und das Massenaussterben im Pleistozän sind zwei Beispiele dafür, doch am deutlichsten zeigt sich dies in der fehlenden Nachhaltigkeit unserer heutigen Lebensweise auf diesem Planeten.

Am Fluss

Ich ließ Ernest am Strand zurück, machte mich auf den Weg zur Südseite der Bucht, einige Hundert Meter von der Flussmündung entfernt, und ging in den Wald. Ein schmaler Pfad führte mich zu einer der ersten seichten Stellen des Flusses, welche die Lachse zu bewältigen hatten. Es war einer der bevorzugten Fangplätze der Wölfe.

Die Fische sammeln sich im unteren Flussabschnitt. Sie bewegen sich schnell, sodass das Wasser spritzt, und haben noch viel Kraft. Stromschnelle um Stromschnelle kämpfen sie sich flussaufwärts. Aber wenn die Ebbe einsetzt, müssen die Lachse, denen der Sprung nicht rechtzeitig gelingt, in den tieferen Becken auf die nächste Flut warten. In diesem Jahr waren sie zum ersten Mal seit vier Jahren nicht vollkommen von Wasser umgeben. Sie waren angespannt, und mit jedem Zentimeter, um den das Wasser sank, stießen sie sich heftiger von den Flusssteinen ab. Es handelte sich hauptsächlich um Buckel- und Ketalachse, die auch im Brackwasser laichen können. Die Silberlachse, die das nicht können, waren bereits in den Becken weiter flussaufwärts.

Ich sah mich um und bemerkte, dass überall auf dem Waldboden kopflose Lachse verstreut lagen. Die Fischkörper wiesen die deutlichen Bissspuren der Wölfe auf. Typischerweise fressen die Wölfe nur die Köpfe. Eine Hypothese lautet, dass sie dies tun, um nicht in Kontakt mit Parasiten zu kommen, die sich in den Eingeweiden der Fische ansammeln. Diese Parasiten nutzen auch Bären und Wiesel als Endwirt, doch ohne ihnen größeren Schaden zuzufügen, während sie aus irgendeinem Grund für Caniden in höherer Konzentration tödlich sind. US-Regierungsbehörden haben sogar in Erwägung gezogen, sie zur Vernichtung der sogenannten »Problem-Koyoten« einzusetzen. Die Wölfe wiederum haben eine Technik entwickelt, um die befallenen Eingeweide beim Fressen zu vermeiden.

Als die Sonne unterging, wurden die Raben aktiver und flogen zwischen den Lachskadavern am Flussufer und einer kleinen Erhebung jenseits des Wassers hin und her. Ein Eisvogel patrouillierte entlang dem Flussufer und versuchte die Brut des Silberlachses mit seinen lauten Stakkato-Rufen hinter einem Holzstamm aufzuscheuchen. Eine Wasseramsel wippte rhythmisch auf einem glatten Stein, bevor sie auf der Suche nach Lachseiern in die Strömung abtauchte.

Dann hörte ich von den Anhöhen her ein Geräusch, und einen Moment später erschien das Brüderpaar mit den schwarzen Streifen, die Sentries. Sie trugen ihre Köpfe hoch, als sie zu mir herüberblickten. Ich war zwar größtenteils verborgen, doch mir war klar, dass sie von meiner Anwesenheit im Tal wussten. Selbst falls sie meine Witterung nicht aufnehmen konnten, hatte Ernest sie gewiss informiert. Trotzdem traten beide ungeschützt in mein Blickfeld und inspizierten den Fluss. Ihr Fell wies nahezu identische Zeichnungen auf: Ein dunkles Band verlief um ihre Brust, weiße Flecken zierten Wangen und Schnauzen, umgeben von schwarzen Schattierungen mit deutlichen silberfarbenen Sprenkeln, und ihre Flanken waren ocker- und beigefarben. Sie waren beide atemberaubend schön, und ihr Fell spiegelte auf unheimliche Weise die Farbpalette des sie umgebenden Regenwalds wider. Keiner der beiden war das Alphatier, doch ich würde darauf wetten, dass einer der Brüder eines Tages das Fish Trap Pack anführen wird.

Die beiden Wölfe beherrschten diesen Fluss, wie ich es nie bei einem Bären oder anderen Tier erlebt hatte. Sie starrten unentwegt wie mit einem Augenpaar zu meinem Standort jenseits des Flusses hinüber. Ein zappelnder Lachs lenkte sie schließlich ab. Vielleicht wollten sie mir vermitteln, dass sie wussten, wo ich mich befand, aber auch dass sie mich ein weiteres Mal dulden würden. Ich fühlte mich sehr glücklich. Angesichts all der Begegnungen dieser Art glaube ich, dass ein Bruchteil jenes Vertrauens, das einst Wölfe und Menschen der Indianerstämme verband, wiederauflebt und ich selbst Zeuge bin, dass Menschen das Potenzial haben, ihren Platz in der Natur wiederzufinden.

Ich drückte den Auslöser meiner Kamera, und das Geräusch des Verschlusses ließ beide Wölfe ihre Köpfe heben und erneut in meine Richtung starren. Es war unglaublich, dass sie dieses Klicken über eine so große Entfernung und den lauten Fluss hinweg hören konnten. Der Regen der letzten Nacht hatte noch viel mehr Lachse in den Fluss gelockt, und die Bedingungen für den Fischfang waren perfekt. Bald traten die übrigen Rudelmitglieder nacheinander zwischen den Bäumen hinter den Brüdern hervor. Man betrachtet den Lachs als »Basisart« an der Küste, und Wölfe sind lediglich ein Vertreter von über 200 Lachs fressenden Arten, aber wenn man sie hier am Fluss beobachtete, hoben sie sich von allen anderen ab.

White Cheeks, das Alphamännchen des Rudels, tappte behutsam über die mit Rankenfüßern überkrusteten Felsen zum Fluss. Wenn es sein muss, sprintet ein Wolf, ohne zu zögern, über scharfkantige Oberflächen hinweg, aber für einen Lachs würde er keine verletzte Pfote riskieren.

Die Gefahr ahnend, sprang ein Buckellachs blitzartig über die Schnelle, doch er verfing sich zwischen zwei glatten, schwarzen Steinen. Sein ramponierter Schwanz schlug hin und her, als er darum kämpfte, in tieferes Wasser zu gelangen. White Cheeks trabte zu dem Lachs hinüber und stürzte sich auf ihn, während sein Schwanz in die andere Richtung schwang, um das Gleichgewicht zu halten. Mit einer einzigen Bewegung packte er den Hinterkopf des Lachses mit dem Fang. Er drehte ruckartig den Kopf, und schon trug er den zappelnden Fisch ans Flussufer. Dort legte er seine linke Vorderpfote auf den Kopf des Lachses, um ihn ruhig zu halten, und die rechte Vorderpfote auf seinen Körper. Es war ein Lachsweibchen, und einige runde, orangefarbene Eier spritzten dem Wolf in die Augen und ins Gesicht.

Der gesamte Fischkopf verschwand nun in White Cheeks geöffnetem Fang, und mit seinen Reißzähnen versetzte er dem Fisch den Gnadenstoß. Wie mit einem Dosenöffner begann er das Gehirn herauszutrennen. Sein eigener Kopf war fast schon grotesk verrenkt, der Kopf des Lachses steckte tief in seinem Rachen, während er abwesend in den Himmel starrte. Innerhalb von Sekunden war die Gehirnhöhle, genau dort, wo der Kiemenbogen beginnt, sauber abgetrennt. Das Knirschen der Lachsknochen war deutlich zu hören. White Cheeks kaute nur wenige Male, und mit einer kräftigen Schluckbewegung war der Lachskopf verschwunden. Der gesamte Vorgang dauerte vielleicht 20 Sekunden.

Ich habe dieses präzise und effiziente Vorgehen unzählige Male bei vielen Wölfen beobachtet. Es ist kein willkürliches oder spontanes Fressverhalten. Eine derart ausgebildete Fähigkeit in Verbindung mit der hohen Erfolgsquote (mindestens 30 Prozent der Fangversuche sind erfolgreich, was für Raubtiere eine hohe Rate ist) spricht für ein sehr altes Verhaltensmuster. Lachs ist also keine neue Nahrungsquelle für den Wolf. Diese Räuber-Beute-Beziehung ist vielmehr so alt wie die Kenntnis der beiden voneinander, und beide wurden in ein koevolutionäres Drama verstrickt.

Größe, Form und Verhalten dieser Lachse wurden höchstwahrscheinlich zumindest teilweise von den Vorfahren dieser fischenden Wölfe beeinflusst. Im Gegenzug haben die Wölfe vermutlich Eigenschaften entwickelt, die für die Lachsjagd sinnvoll sind, wie die Physiologie ihres Verdauungsapparats oder die Färbung ihres Fells. Der rötliche Ockerton, den viele Küstenwölfe aufweisen, entspricht der Farbe des Seetangs an den felsigen Ufern. Die hohe Effizienz und die tief verankerten Verhaltensweisen bei beiden Spezies belegen, dass diese Koevolution vor langer Zeit begann. Derartige Eigenschaften in einer Räuber-Beute-Beziehung entwickeln sich nur über sehr lange Zeiträume hinweg.

Das Rudel hatte nun den unteren Flussabschnitt vollkommen in Beschlag genommen. Die Grizzlybären waren zu den weniger ergiebigen Fangplätzen flussaufwärts vertrieben worden. Nur in Wassereinzugsgebieten auf dem Festland sind Grizzlybären absolute Herrscher über manche Flussabschnitte; auf den Inseln, wo sie zahlenmäßig schwächer vertreten sind, verhalten sie sich vorsichtiger. Ich habe erlebt, dass Grizzlybären und Wölfe recht friedlich nebeneinander gefressen haben, aber auch, wie sie beinahe auf Leben und Tod um einen Lachs gekämpft haben. Ich wünschte, ich würde die Beziehung dieser beiden Arten zueinander besser verstehen. So kann ich nur vermuten, dass aufgrund ihrer Intelligenz und individuellen Persönlichkeiten keine brauchbare Verallgemeinerung möglich ist.

Eines Morgens beobachtete ich nur etwas weiter nördlich eine Familie schwarzer Wölfe und eine Familie von Grizzlybären, die sich den besten Fangplatz am Fluss teilten. Einer der Bären jagte einem Wolf hinterher, in dessen Maul ein frisch gefangener Lachs zappelte. Der Wolf ließ den Fisch fallen, und der Bär schnappte ihn sich. Plötzlich griffen drei Wölfe den Bären an, und nun ließ der Bär den Fisch fallen, der wiederum von den Wölfen in Besitz genommen wurde. Dieser Streit dauerte eine ganze Weile, während der arme Lachs auf den Flusssteinen herumzappelte und schließlich verendete, ohne dass eine Seite ihn verspeist hatte. Als ich an jenem Abend durch den Wald ging, fand ich die Wölfe schlafend auf den frischen Ruhebetten der Bären.

Bis zum nächsten Morgen waren hier am Fluss bei Ebbe über 200 Lachse gefangen worden. Die Überreste, welche die Wölfe zurückließen, würden bald von Vögeln, Käfern und vielen anderen Lebewesen verzehrt werden und dem Waldboden wertvolle Nährstoffe liefern. Die Blätter und

Nadeln der Ufervegetation würden von ihnen profitieren und dann ihrerseits Wirbellosen als Nahrung dienen, die wiederum die nächste Lachsgeneration im Fluss ernähren werden. Und in einem endlosen Zyklus würden diese Lachse zukünftigen Wolfsgenerationen als Nahrung dienen.

Im Regenwald gehört die Überlebensrate der Welpen zu den höchsten aller Wolfspopulationen, höchstwahrscheinlich weil Lachs eine vorhersehbare und leicht zugängliche Nahrungsquelle darstellt. Die Wölfe fressen den Lachs nicht, weil keine andere Nahrung vorhanden wäre – sie wählen ihn bewusst. Die von Chris vorgenommene Nahrungsanalyse zeigt, dass Wölfe Lachs sogar dem Hirsch vorziehen. Je mehr Lachs das Revier eines Rudels bietet, desto mehr fressen die Wölfe, unabhängig von der Größe des Hirschbestands. Das Leben der Wölfe ist also keineswegs allein von Huftieren abhängig, wie in orthodoxen Kreisen der Wolfswissenschaft beharrlich behauptet wird.

Auf dieser Insel liegt ein bedeutender Teil der gesamten Lachs-Flüsse der Küste. Sie sind im Hinblick auf Größe und Volumen zwar kleiner als die von Gletschern gespeisten Flusssysteme auf dem Festland, aber von überproportionalem Nutzen für die als Lachsfresser bekannten Spezies, insbesondere für Wölfe. Bären haben den Vorteil, den Lachs mit ihren großen Pranken fangen zu können, während Wölfe ihr Maul verwenden müssen und somit in tieferen Gewässern im Nachteil sind. Ich habe beobachtet, dass

Wölfe zum Lachsfang vollständig unter Wasser tauchten, aber dies ist ein schwieriges Unterfangen, und die Erfolgsquote ist geringer als beim Fischen in flacheren Gewässern. Mögen manche der größeren Flusssysteme auch größere Lachsmengen beinhalten, so bieten sie an Land lebenden Jägern doch nicht denselben guten Zugang, weil sie schlichtweg zu tief sind.

Flussabwärts wurde vor Jahrhunderten aus übereinandergestapelten Steinen ein Fischwehr errichtet, das sich in einem langgezogenen wellenförmigen Bogen von der Flussmündung über das gesamte Ästuar erstreckt. Die Falle endet am Waldrand ungefähr 200 Meter von der Flussmündung entfernt. Diese drei Steinwälle blieben bestehen, obwohl das kanadische Bundesministerium für Fischerei und Meere (DFO) solche Wehre ansonsten bereits vor langer Zeit größtenteils hatte abreißen lassen. Die Ureinwohner würden die Lachsfischerei zugrunde richten, indem sie die Lachse an der Mündung abfingen, hieß es damals zur Begründung, und das DFO erklärte die Verwendung steinerner Fischwehre für illegal. Heute, nur circa 100 Jahre nach diesem Verbot, experimentiert das Ministerium selbst mit *terminal fisheries*, das heißt mit Methoden zum Abfangen des Fisches im Mündungsbereich der Flüsse. Denn diese Art des Fischfangs ist durchaus sinnvoll: Wird der Lachs vor dem Fluss gefangen, in dem er geboren wurde, weiß man, woher er kam oder wohin er unterwegs war. Wenn ausreichend Lachse den Fluss zum Laichen hinaufgewandert sind, kann eine verantwortungsbewusste Entscheidung über die zu fischende Menge getroffen werden.

Im Gegensatz dazu genehmigt das DFO nur wenige Kilometer von diesem Fluss entfernt die Netzfischerei im großen Stil. Bevor die Fische überhaupt in den Einflussbereich von Wölfen, Bären und all den anderen Spezies, die sich davon ernähren, gelangen, werden sie vom Menschen abgefangen, und zwar in nicht nachhaltigen Mengen, die den Bedarf jeder anderen Raubtierart weit übersteigen. Dr. Tom Reimchen von der University of Victoria hat berechnet, dass nichtmenschliche Raubtiere durchschnittlich zehn Prozent der Biomasse ihrer Beutetiere im Jahr beanspruchen. Dagegen entnehmen kommerzielle Fischfangbetriebe dem Meer nach seinen Berechnungen für gewöhnlich zwischen 50 und 90 Prozent. Wir Menschen haben uns also zum Super-Raubtier der Erde entwickelt.

Obwohl die Fangflotten es auf die großen Fischvorkommen in einer Bucht oder weiter draußen auf dem offenen Meer abgesehen haben, erwischen sie zufällig auch kleinere Bestände, die sie dann komplett auslöschen. Von diesen kleineren Systemen hängt aber die Biodiversität am Rande des Great Bear Rainforest ab.

Einen leeren Flusslauf auf dem Höhepunkt der Laichsaison zu erleben, ist herzzerreißend. Es ist, als komme man mitten im tiefsten Winter an sein Ufer. Die unvergleichliche Stille eines Flusses, der vor Leben nur so wimmeln sollte, ist ohrenbetäubend. Aufgrund der ökologisch unverantwortlichen kommerziellen Fischerei sind die Gesamterträge und die genetische Diversität an der mittleren und nördlichen Küste British Columbias (die von den vielen kleineren Bächen und Flüssen abhängt) ernsthaft gefährdet.

Für Wölfe jedenfalls sind die Fischwehre sehr hilfreich: Auch nach fast 100 Jahren hält dieses Wehr noch ausreichend flussaufwärts wandernde Fische auf, um den Wölfen den Fang zu erleichtern.

TL wartete geduldig auf einen Lachs, der sich langsam flussaufwärts bewegte. Der Fisch suchte Schutz vor all den anderen Wölfen, als er geradewegs zwischen TLs Vorderbeine schwamm. Mit einer flinken Bewegung packte sie den Fisch am Rücken. Der viereinhalb Kilo schwere Lachs wehrte sich zappelnd, aber TL hinkte ans Ufer und fiel über ihn her.

Nach allen heute verfügbaren Studien sollten diese Wölfe eigentlich Hirsche, Biber oder andere größere Säugetiere jagen, aber das Rudel konzentriert sich nach wie vor auf den Lachsfang. An manchen Tagen fängt es noch vor neun Uhr morgens mehr als 50 Fische. Noch nie zuvor wurde bei Wölfen der Verzehr von derart großen Mengen Fisch dokumentiert.

Chris und das Labor von Dr. Reimchen konnten dazu detaillierte Aussagen treffen. Für ihre moderne isotopische Studie analysierten sie die marinen Isotopen-Signaturen in Wolfshaaren mit dem Ergebnis, dass sowohl Lachs als auch Meeressäugetiere den Wölfen enorme marine Biomasse liefern und dass die Menge dieser Biomasse entscheidend vom Lebensraum der Wölfe abhängt. Auf dem Festland lebende Wölfe beziehen nur ungefähr 25 Prozent ihres Nahrungsbedarfs aus marinen Quellen. Rudel, die wie das Fish Trap Pack auf Inseln an der Innenküste leben, decken ihre Nahrung jeweils zur Hälfte mit Hirsch und mit Nahrung aus dem Meer (insbesondere Lachs). Das Surf Pack und andere Wölfe auf Inseln der Außenküste beziehen bis zu 75 Prozent ihrer Nährstoffe aus dem Meer – nicht schlecht für ein Landraubtier.

Ein solcher Speiseplan ist auch ökonomisch eine vernünftige Entscheidung. Warum sollte man kilometerweit für eine Mahlzeit wandern, wenn ringsherum jede Menge Lachse schwimmen? Warum sollte man beim Erlegen eines Hirsches die Gesundheit riskieren, wenn man nicht dazu gezwungen war? Warum sollte man an einer vorhersehbaren und nährstoffreichen Nahrungsquelle vorübergehen? Lachshirn liefert Omega-Drei-Fettsäuren in hoher Dosierung.

Am nächsten Tag würden Chris und Lone Wolf eintreffen und die zurückgelassenen Lachskadaver zählen. Die Eckzähne der Wölfe hinterlassen einstichähnliche Spuren, die leicht von denen anderer Lachsräuber zu unterscheiden sind. Chris und Chester werden jeden Lachsschwanz mit dem Zackenmesser markieren, um den Fisch nicht zweimal zu zählen, und die genaue Anzahl und die jeweils gefressenen Körperteile vermerken.

Sie überprüfen auch bei jedem Lachs, ob er erfolgreich

gelaicht hat oder nicht. Ihre Zählungen haben ergeben, dass die meisten vom Wolf oder vom Bären gefangenen Lachse zumindest teilweise abgelaicht hatten. Werden männliche Lachse nach teilweise erfolgreicher Teilnahme am Laichvorgang getötet, haben andere Männchen die Möglichkeit, weitere vom Weibchen abgelegte Eier zu befruchten, was beim Nachwuchs zu einer Erhöhung der genetischen Vielfalt führt. Die Wölfe erweisen somit dem Ökosystem sogar einen weiteren Dienst.

Viele Menschen halten die Lachskadaver fälschlicherweise für die Überreste einer Bärenmahlzeit. Aber Bären fehlt es an der Finesse und Präzision der Wölfe. Sie würden nie lediglich die Köpfe fressen, sondern gehen grobschlächtiger vor: Sie reißen die Haut ab, zerfleddern den Fisch in Fetzen und hinterlassen nur einige verstreute Überreste wie Kieferknochen und Schwanz.

Das Ende der Lachswanderung, wenn alle Fische gelaicht haben, ist eine Zeit der dynamischen Metamorphose, beinahe eine Jahreszeit zwischen den Jahreszeiten. Nach der Phase der extrem gesteigerten Nahrungsaufnahme ziehen sich die Bären in die Berge zurück, um den langen Winter zu verschlafen. Auf dem Boden bleiben nur Fischgräten zurück, doch im Wasser und Erdreich dringt der Fisch in Form von Molekülen tiefer in die Lachswälder vor. Millionen von Lachseiern liegen sicher und tief im Kiesgrund der kalten Gewässer eingebettet. Die Vögel, die sich an den toten Lachsen satt gefressen haben, zerstreuen sich wieder bis zur Heringszeit im Frühling. All das geballte Leben, in dem der Lachs im Mittelpunkt stand, weicht nun den Überlebensstrategien für den nahenden Winter.

Dieser Wechsel ist insbesondere für die Lachs fischenden Wölfe überall an der Küste einschneidend. Die Sonne beschreibt nur noch einen niedrigen Bogen am südlichen Himmel, und der Herbst geht zu Ende. Die Tage sind kurz, dunkel und kalt. Und dann kommt der Morgen, an dem die Rudel weiter ins Innere der Insel ziehen, um an den Hängen auf Hirschjagd zu gehen. Zum ersten Mal seit Geburt der Welpen wird die gesamte Wolfsfamilie gemeinsam umherziehen und das Winterrevier erkunden.

Winter

Nomaden des Regenwalds

Der Winter rückte näher, und die Stürme aus Südosten wurden so häufig, dass ich aufgehört hatte, den Wetterbericht abzuhören. Da eine Sturmfront nach der anderen über die Küste hinwegfegte, musste man sich einfach auf die ungemütliche Zeit einstellen. Der Wind, gepaart mit tiefem Wasser und unsicherem Grund, machte das Ankern schwierig. Aber zumindest hatte dies die Schönwetter-Gäste – die Flottillen an Yachten und Sportfischern – vertrieben. Bis auf Lone Wolf waren auch die Forscher nach Süden aufgebrochen, um in den Laboren Daten auszuwerten und Proben zu bearbeiten. Selbst für die Indianer war dies eine ruhige Jahreszeit: Die Lachse waren verschwunden, und die Heringe würden nicht vor den ersten Frühlingstagen eintreffen. Ich erwartete nicht, hier draußen irgendjemandem zu begegnen. Die Schneefallgrenze rückte täglich näher an den Meeresspiegel heran, und der Regen hatte die letzten Kadaver aus den Flüssen gespült. Die Bären hatten das Tal verlassen und waren nun oberhalb der Schneegrenze dabei, ihre Winterhöhlen zu inspizieren und sich auf die lange Ruhezeit vorzubereiten, die vor ihnen lag. Im Winter herrschen hier die Wölfe, und manche Bären und ihre Jungen werden in ihren Höhlen angegriffen und getötet, noch bevor der Frühling naht.

Als ich durch den Wald wanderte, splitterten gefrorene Heidelbeersträucher unter meinen Füßen wie Glas. Die kahlen Laubbäume standen wie Skelette, während ihre Blätter mit den verrottenden Lachskörpern in die Bucht hinaustrieben. Gänse pickten sich durch die Eisschicht, um die letzten Seggenwurzeln des Jahres zu fressen. Eine Schar von Krähen schien eine erfolgreiche Jagd anzuzeigen, doch sie waren lediglich damit beschäftigt, Muscheln zu öffnen, indem sie sie auf die Felsen warfen. Ich sah einige Marmelalke, die jetzt ihr Wintergefieder trugen. Die letzten Kanadakraniche waren längst schon nach Süden aufgebrochen. Nur die ganzjährigen Bewohner der Küste blieben zurück. Ich gelangte zu dem Wassereinzugsgebiet, wo das Fish Trap Pack die letzten drei Monate gefischt hatte, und fand lediglich Stille. Es gab keinerlei frische Spuren.

In den vorangegangenen Jahren hatte eine späte Wanderung der Silberlachse die Wölfe noch einmal zurückgelockt, und darauf hoffte ich auch dieses Jahr. Aber nachdem ich das gesamte Laichgebiet des Flusses abgelaufen war und nicht einen frischen Lachs gefunden hatte, wusste ich, dass die Lachssaison endgültig beendet war. Ich musste auf ein weiteres Absinken der Schneefallgrenze warten, um den Wölfen wieder zu begegnen. Obwohl ihr

Territorium nur ungefähr 150 Quadratkilometer groß ist – eines der kleinsten unter den Revieren der schätzungsweise acht Rudel im Gebiet der Kernstudie –, konnten sie auf unheimliche Weise darin untertauchen.

In früheren Zeiten hätten die Ureinwohner nun bereits den Lachs in ihren Räucherhütten verarbeitet und ihre Wintersiedlungen tiefer in den Coast Mountains bezogen. Ich fragte mich, ob die Stämme damals Einfluss auf die Wolfsreviere hatten. Vielleicht folgte ein Rudel einem Stamm auf seinem Umzug zu den Winterquartieren in den Big Houses. Ob die soziale Bindung zwischen Wölfen und Menschen, von der die Ältesten in Waglisla erzählen, so stark war? Oder beruhte die Bindung eher auf den Ernährungsgewohnheiten? Beide sind im Herbst stark vom Lachs, im Winter vom Hirsch und das ganze Jahr über von Meeressäugetieren abhängig.

Auf den Spuren des Fish Trap Pack

Zwei Wochen später trat schließlich ein, worauf ich gewartet hatte: Große dicke Schneeflocken fielen vom silbergrauen Himmel. Ich schnappte mir ein Paar Schneeschuhe und machte mich zu meinem Boot auf. Vor der Treppe unseres Hauses entdeckte ich drei Wolfsfährten. Mitglieder des Power Line Pack, »Stromleitungs-Rudel«, hatten in der vergangenen Stunde unser Haus einige Male aufgesucht, ihre Rundgänge durch die Nachbarschaft gemacht und alle

Häuser markiert, um die Hausbewohner (die Hunde) daran zu erinnern, dass sie auf dieser Insel nichts verloren hatten.

Ich fragte William Housty von den Heiltsuk nach dem Verhältnis von Menschen, Wölfen und Hunden, als noch alle Dörfer bewohnt waren. Er erzählte mir von einem sehr alten, traditionellen Geheimbund, den »Dog Eaters«, dessen Geschichte und Tanz er und der verstorbene David Gladstone erst vor Kurzem wieder in die Heiltsuk-Kultur eingeführt hatten.

»Unser Volk domestizierte zunächst Wölfe, um sie bei der Jagd einzusetzen. Aber das bedeutete, dem Rudel Familienmitglieder zu nehmen. Die Wölfe reagierten mit Enttäuschung und Verärgerung darauf, dass ihre Familien auseinandergerissen wurden und manche Rudelmitglieder sie verließen.«

Der Tanz des Dog Eater stellt dar, wie ein Individuum Zeit in der Einsamkeit verbringt, bevor es in einen Wolf verwandelt wird. Nach der Verwandlung sucht der Tänzer bei Nacht die Dörfer auf und tötet die Haushunde, die das wild lebende Rudel verlassen haben, isst Teile von ihnen und lässt sie so für ihren Verrat büßen. Die Menschen binden den Hunden Rotzedernrinde als Schutz vor dem Tänzer um.

Wölfe suchen die Gemeinden an der Außenküste noch immer auf, und jedes Jahr verlieren meine Nachbarn einen oder zwei ihrer Hunde an die Wölfe.

Die Spuren, die ich sah, waren so frisch, dass ich ihnen

gern zu Fuß gefolgt wäre, aber jetzt bot sich seit den Lachswanderungen die erste Gelegenheit, das Fish Trap Pack wiederzufinden. Also machte ich mich auf den Weg zum Boot.

Unterwegs dachte ich über diese Spuren nach. Wäre ich ihnen gefolgt, hätten sie mich wahrscheinlich zu meinem Nachbarn geführt, wo sie sicherlich die Hühner- und Entenställe umkreist hätten.

Untersuchungen über die Attacken von Wölfen auf Huftiere zeigen, dass in der Kernzone des Reviers eines Rudels mehr Tiere gerissen und gefressen werden als in seinen Randgebieten, die sich mit denen anderer Rudel überschneiden können. Diese »gemeinsamen« oder sich überlappenden Gebiete werden von den Wölfen nur sehr selten aufgesucht, besonders während der Zeit, in der die Welpen aufgezogen werden. Sie werden vor allem dann genutzt, wenn Beute rar ist. Die Wölfe verwenden ihre Energie lieber für die Versorgung ihres Rudels, als bei Revierkämpfen, deren Ausgang stets ungewiss ist, ihr Leben zu riskieren. Die Hirsche wissen das und nutzen diese Gebiete absichtlich als sicheren Rückzugsraum. Wenn jedoch eine menschliche Gemeinschaft, komplett mit ihren Haustieren, ihrem Müll und anderen Nahrungsquellen, eine Variable dieser Gleichung wird, ist es wesentlich schwieriger, das Verhalten der Wölfe einzuschätzen.

In diesem Teil der Welt muss man Nutzvieh wie etwa Hühner in vollkommen abgeschlossenen Gehegen oder Ställen halten. Man muss mit Adlern, Ottern, Minken,

Mardern, Berglöwen, Bären und Wölfen fertigwerden. Mein anderer Nachbar hält neben Legehühnern auch einige Enten, Gänse, Kaninchen und anderes Kleinvieh, die er alle herumlaufen lässt. Er hat ein reichlich komplexes Labyrinth aus Ställen gebaut, das mit Hasendraht eingezäunt und oben mit Heringsnetzen gesichert ist; das Ganze ist eine regelrechte Festung.

Ein junger Wolf allerdings, wahrscheinlich ein Streuner auf der Suche nach einem neuen Rudel oder einem Weibchen, um sein eigenes Rudel zu gründen, konnte dem Geruch all dieser fetten, hilflosen Haustiere nicht widerstehen. Dieser Wolf genoss höchstwahrscheinlich nicht den Vorteil der kollektiven Erfahrung und Weisheit eines Rudels, die ihn einen solchen Menschenort hätten meiden lassen.

Irgendwie fand er einen Weg in die Einzäunung. Hinterher sah es darin aus, als hätte man dort die größte Kissenschlacht der Welt ausgetragen – und dann noch eine ziemlich große Menge Blut darübergekippt. Die einzigen Überlebenden waren ein Zwerghuhn und ein kleines schwarzweißes Kaninchen, die sich in eine Ecke verkrochen hatten.

Dieses Erlebnis entpuppte sich als eine einmalige Bindungserfahrung für Kaninchen und Huhn. Sie waren von da an unzertrennlich und hingen an den Fersen von jedermann, der sich in ihrer Nähe aufhielt.

Was diesen Vorfall eigentlich interessant machte, war jedoch die Reaktion der Nachbarn. Das Meinungsbild war zwar uneinheitlich, wie in einer Gegend nicht anders zu erwarten war, in der sehr unabhängige Leute wohnen (die äußerste Nordwestküste zieht offenbar Menschen an, die entweder aus einer Zwangslage heraus hierherkommen oder weil sie vor irgendetwas davonlaufen und sich schließlich unvermittelt am Rand der Welt wiederfinden). Überraschenderweise war der Grundtenor den Wölfen gegenüber jedoch nicht negativ.

Ich hörte alles von: »Es ist eben kein guter Ort, um Vieh zu halten« (womit die gesamte Küste gemeint war) bis: »Wenn Mink oder Adler sie nicht kriegen, dann kriegt sie der Wolf oder der Vielfraß«. Das ist wahrer kultureller Gleichmut, der meiner Ansicht nach auf der Akzeptanz der Tatsache beruht, an welchem Ort wir hier leben. Diese Haltung ist weitgehend frei von Hass oder Rachegefühlen und unbeeinflusst von Mythen und Legenden. Hier herrscht glücklicherweise nicht jene Lust aufs Blutvergießen, die den Wölfen nahezu überall sonst in Amerika zusetzt.

Der frische weiße Morgen war wegen des eisigen Winds elend kalt, und obwohl es aufgehört hatte zu schneien, verriet mir doch der Himmel über King Island, dass die ersten Outflow-Winde des Winters bevorstanden. Diese Winde ziehen im Winter aus dem Landesinneren von British Columbia heran und treten gemeinsam mit Hochdruckgebieten auf. Sie fegen über Gletscher und Eisfelder hinweg und strömen dann entlang den großen Wasserläufen wie Dean, Burke und Douglas Channel zur Küste. Bis sie die Außenküste erreichen, haben sie Geschwindigkeiten von bis zu 100 Stundenkilometer aufgenommen. Die Luftmassen, die sie mit sich führen, haben eine Temperatur von –30 Grad Celsius. Innerhalb von Sekunden verwandeln diese Outflow-Winde Meeresgischt in Eis und bringen Boote allein durch das Gewicht dieser Eisschicht zum Sinken.

Bei einer solchen Witterung gefriert manchmal über Nacht das Wasser, das sich im Kraftstofffilter meines Bootes sammelt. Dann läuft der Motor noch mit dem verbliebenen Treibstoff in der Leitung, bevor er abstirbt. Draußen auf dem Meer eine eingefrorene Treibstoffleitung aufzutauen, ist ein schwieriges Unterfangen, denn die Verwendung einer offenen Flamme empfiehlt sich nicht. Als es das letzte Mal passierte, dachte ich kurz daran, auf den Wasserabscheider zu urinieren, aber bei der herrschenden Temperatur hätte das Eis lediglich eine peinliche Färbung angenommen.

Als ich auf der Suche nach dem Fish Trap Pack durch das dünne Eis von Bucht zu Bucht fuhr, dachte ich darüber nach, wie es den Welpen erging. Von Geburt an hatten sie sich in der sicheren Umgebung ihrer Sammelplätze oder »Hauptquartiere«, wie sie von manchen Forschern genannt werden, bewegt. Selbst die erwachsenen Tiere nutzen weniger als die Hälfte ihres Reviers, wenn sie im Sommer und Herbst andere Beute als Lachs jagen, um in der Nähe der Welpen zu bleiben und Nachbarrudel zu meiden.

Aber mit Anbruch des Winters nimmt das Rudel sein Nomadenleben auf, und zum ersten Mal nach Geburt der

Welpen zieht die ganze Familie durch das gesamte Revier und jagt – oftmals in der Gemeinschaft. Für die Welpen ist die Umstellung am größten. Die unbeschwerten Tage auf vertrautem Terrain, von allen umsorgt, sind vorüber. Jetzt ziehen sie mit dem Rudel, lernen, wie und wo man jagt, und nehmen nach besten Kräften am Erlegen der Beute teil. Sie fressen nicht mehr die von der Mutter hervorgewürgte Nahrung oder einen herbeigetragenen kalten Knochen, sondern warmes Blut und frisches Fleisch.

Im Winter nimmt auch das Konkurrenzdenken zu, denn ältere Geschwister und die Eltern teilen unter Umständen weniger bereitwillig mit den Jüngsten. Die Zeit der umfassenden Versorgung ist ohnehin schon länger vorbei. So ist es nicht verwunderlich, dass der Winter üblicherweise die Jahreszeit ist, in der einzelne Rudelmitglieder ausschwärmen, in der Hoffnung, ein eigenes Revier zu finden. Wie würde eine Menschenfamilie mit einem Zuwachs von fünf oder sechs Nachkommen im Jahr umgehen – insbesondere wenn das Familienbudget das gleiche bleibt?

Im Alter von acht Monaten haben die Welpen jetzt fast die Größe der Alttiere erreicht. Mit zehn Monaten sind die meisten von ihnen, insbesondere die Männchen, fortpflanzungsfähig, aber zumindest in der Wildnis wurde die Fortpflanzung solch junger Wölfe nur selten dokumentiert.

Zu einem Rudel gehören viele fortpflanzungsfähige Tiere, doch typischerweise paaren sich nur zwei Wölfe und haben Nachwuchs. In Zeiten außergewöhnlichen Nahrungsreichtums kommt es vor, dass zwei oder sogar drei Weibchen eines Familienverbands Junge austragen, allerdings habe ich selbst das an der Küste noch nie beobachtet. Das Alphaweibchen verfolgt eine Strategie, die man am besten als »hormonelle Einschüchterung« beschreiben kann: Kurz bevor die anderen Weibchen paarungsbereit sind, begegnet es ihnen häufig aggressiv. Das hat zur Folge, dass deren Fortpflanzungsbereitschaft gedämpft wird, ein Phänomen, das auch als reproduktive Suppression bezeichnet wird.

Das zukünftige Muttertier hinterlässt frühzeitig Spuren im Schnee. Wenn ich im Februar unterwegs bin und alle paar Hundert Meter kleine Blutflecken im Schnee entdecke, weiß ich, dass das Wolfsweibchen deckbereit ist. Für gewöhnlich paart sich das Alphamännchen (aber auch andere Männchen) mit ihm. Nach einer erstaunlich regelmäßigen Tragzeit von 36 Tagen kommt die neue Generation zur Welt.

Nicht nur wir Menschen sind Gewohnheitstiere. Ich begann deshalb meine Suche nach dem Rudel an diesem Tag in Gegenden, in denen es bereits früher erfolgreich gejagt hatte. Der Schnee war so frisch, dass ich die meisten Strände und Mündungsgebiete vom Boot aus nach Fährten absuchen konnte. Als ich die mir bekannten früheren Beuteplätze auf der Ostseite der Hauptinsel überprüft hatte, entdeckte ich schließlich zwei Fährten ungefähr acht Kilometer nordwestlich des Lachsfangplatzes der Wölfe. Die Spuren verliefen über einen kleinen Strand, an dem das Rudel im vorherigen Sommer einen Hirsch erlegt hatte. Vielleicht hatten die Wölfe den Platz nach jenem Erfolgserlebnis in ihr Aufklärungsrepertoire aufgenommen, genauso wie ich jedes Jahr die Stellen erneut aufsuche, an denen ich früher schon wilde Tiere beobachten konnte.

Ich ging an Land, zog meine Schneeschuhe an und folgte den Spuren. Der Schnee war immer noch pulverig, und ich hoffte, dass er es infolge des kalten Wetters auch bleiben würde. Wolfsspuren im Schnee offenbaren sämtliche Aktivitäten der Wölfe, und ich war aufgeregt bei der Vorstellung, einen solchen Einblick in ihren Alltag zu gewinnen. Falls sie einen Pfad verließen, um das Lager eines Eichhörnchens oder eine Bärenhöhle auszuschnüffeln, dann konnte ich das erkennen. Nichts bleibt verborgen, und ich hatte fast schon so etwas wie ein schlechtes Gewissen, dass ich sie derart ausspionierte.

Man gewöhnt sich leicht an den überschaubaren Aktionsradius der Wölfe im Sommer, der von den Bedürfnissen der Welpen und verschiedenen fixen Sammelplätzen bestimmt wird. Jetzt musste ich mich sehr viel mehr anstrengen, um die Wölfe aufzuspüren. Die Welpen waren mittlerweile vollkommen mobil, und die Hirsche, auf deren Jagd sich das Rudel im Winter konzentriert, wechselten in einem weitläufigen Gelände häufig den Standort. Die Wölfe konnten überall auf einer der knapp zwölf verschiedenen Inseln sein.

Hinzu kam, dass bis zu 20 Prozent der Wölfe allein als Streuner oder »Exterritoriale« die Gegend durchstreifen. Diese beiden Fährten hier konnten zu Wölfen gehören, die das Rudel auf Dauer verlassen hatten, oder zu zwei Tieren eines vollkommen anderen Rudels, die auf der Suche nach einem neuen Revier waren.

Das Verlassen des Rudels kann für einen Wolf äußerst lohnend sein, wenn es ihm gelingt, ein neues Revier zu begründen. Dann kann er sich fortpflanzen und seine Gene weitergeben. Und der Gesamtpopulation hilft dieses Verhalten, Inzucht zu verhindern. In der Regel werden bei der Paarung nicht verwandte Partner verwandten Tieren vorgezogen.

Die Strategie birgt jedoch auch einige Risiken: Ein einsamer Streuner hat schlechtere Überlebenschancen als ein Wolf im Rudel, und so liegt es in seinem Interesse, sich entweder einer anderen Familie anzuschließen oder einen Partner zu finden, um ein neues Rudel aufzubauen. Wird ein Streuner aber in einem bestehenden Rudel nicht anerkannt, tötet man ihn häufig als Konkurrenten.

Auch die Zahl der vom Menschen verursachten Todesfälle liegt bei Einzelgängern signifikant höher als bei Rudelwölfen. Oftmals sind sie auf verzweifelter Futtersuche, und es fehlt ihnen die kollektive Wachsamkeit eines Rudels.

Selbst wenn ein Wolf gewalttätige Zusammenstöße mit Beutetieren oder Nebenbuhlern, harte Winter und menschliche Jäger überlebt, ist er – da er bei der Jagd auf Zähne und Kiefer angewiesen ist – anderen, weniger offensichtlichen Gefahren ausgesetzt. Einmal sah ich einen jungen Wolf, in dessen Nase ein Stachelschweinstachel steckte. Dieser schien ziemlich tief zu sitzen und bereitete ihm vermutlich

Probleme beim Jagen oder sogar beim Fressen. Mir fiel auch auf, dass er die Wurfhöhle mied, weil ein verspielter Welpe versehentlich den Stachel berühren und damit zusätzliche Schmerzen bereiten könnte.

Ich spielte mit dem Gedanken, den Stachel zu entfernen, denn der Wolf machte durchaus einen Hilfe suchenden Eindruck. Aber ich fürchtete, für meine Bemühungen einen Biss zu ernten. Ich hatte einige Hunde von Stacheln befreit, und es ist eine schmerzhafte Prozedur für das Tier. Angesichts eines Kiefers mit der siebenfachen Kraft eines menschlichen Kiefers beschloss ich, der Natur ihren Lauf zu lassen. Ich fragte mich, ob das Rudel diesen Wolf zusätzlich zu den Welpen durchfüttern würde. Einen Monat später fanden Paul Paquet und ich seinen Körper am Bach. Der Wolf war nur zwei Jahre alt, hatte schon viele erfolgreiche Jagden hinter sich, zwei Winter überlebt, war Hirschhufen, Gewehrkugeln und anderen tödlichen Gefahren entgangen, und nun hatte ihn der Stachel eines Stachelschweins zur Strecke gebracht.

Im Gegensatz zu den Wanderrouten des Sommers entfernten sich diese Fährten, denen ich nun folgte, vom Meer. Ein langer Tag lag vor mir. Die Spuren führten mich auf 1000 Meter Höhe, wechselten dann die Richtung und verliefen entlang des Steilhangs durch tiefen Schnee. Der Pfad passte sich den Konturen der Landschaft an, und an verschiedenen Stellen kreuzten Hirschfährten. Ich folgte einer dieser Fährten, weil ich neugierig war, weshalb sich die Hirsche so hoch über dem Meeresspiegel aufhielten. Auf diesem Weg kam ich leichter voran, denn die hohen und recht dichten Baumkronen fingen den meisten Schnee ab. Die Bäume waren groß und standen im richtigen Abstand zueinander – hier war ein Klimaxwald entstanden, eine Waldgesellschaft, die das Ergebnis vieler Jahre ungestörten Wachstums ist. Hirsche mit ihren stelzenartigen Beinen sind nicht für den Schnee gemacht und bevorzugen dieses weniger exponierte Terrain.

Die Fährte zeigte mir, am Fuß welcher Bäume die Hirsche geäst hatten. Dort tanzten unzählige lange, strähnige grüne Flechten im Wind. Für die dauerhafte Erhaltung eines stabilen Hirschbestands sind Wälder dieser Art, die sich natürlich über die Landschaft verteilen, von wesentlicher Bedeutung – insbesondere auf dem Festland, wo über viele Monate hoher Schnee liegen kann. In milden, schneearmen Wintern unterschätzt man leicht die Bedeutung dieser Winterreviere. Aber in harten Wintern stirbt eine signifikante Zahl von Hirschen, wenn sie keinen Schutz finden können.

In schneereichen Wintern beherbergen größere Wälder mit altem Baumbestand überproportional viele Hirsche, weil die Baumkronen den Schnee abfangen, bevor er sich auf dem Erdboden sammeln kann. John Schoen und Matt Kirchhoff, zwei Forscher aus Alaska, die Studien über Hirsch und Wolf durchführten, haben nachgewiesen, dass bereits eine nur 15 Zentimeter dicke Schneedecke die Hirsche in diese alten Waldbestände treibt.

Die klimatischen Bedingungen an der Küste sind zwar im Allgemeinen recht mild, sie variieren jedoch von Jahr zu Jahr stark. In unserem Teil des Kontinents reichen die Schneefälle im Dreißig-Jahres-Durchschnitt von 86 Zentimetern in Bella Bella bis zu 155 Zentimetern in Ocean Falls. In den Bergen kann es auch schon mal das Vierfache sein.

Im südöstlichen Alaska zählen Forscher nach schneereichen Wintern die toten Hirsche. In solchen Jahren wandern schwache und verhungernde Tiere zum Sterben an die Küste. Manchmal sind es so viele, dass die Forscher einige Küstenabschnitte zu Fuß ablaufen, um die Kadaver zu zählen.

Auf Admiralty Island im Südosten Alaskas stellten Schoen und Kirchhoff fest, dass 39 Prozent der erwachsenen Hirsche, die ein Halsband mit Peilsender trugen, während eines einzigen harten Winters starben. Die Forscher schätzten, dass die Mortalitätsrate insgesamt an die 60 Prozent betrug. Für Hirschpopulationen sowie die von ihnen abhängigen Wölfe ist dies ein katastrophaler Einbruch.

Eine der Ursachen für die hohe Mortalitätsrate war die Abholzung zahlreicher alter Baumbestände. Aufgrund der Kahlschläge war die Schneedecke für die Hirsche zu dick. In neu angelegten Pflanzungen bilden die Waldbäume zwar nach circa 25 Jahren ein dichtes Kronendach, aber da diese Wälder aus gleich alten und in gleichmäßigen Abständen wachsenden Bäumen bestehen, dringt das Sonnenlicht nicht bis zum Boden vor, sodass dort keine Futterpflanzen wie Heidelbeeren, Salalsträucher, ja nicht einmal Flechten wachsen. Der Schwund an lebensnotwendigen Winterhabitaten für Hirsche ist einer der Gründe, warum man 1993 den Antrag stellte, die Wölfe im Südosten Alaskas auf die Liste der gefährdeten Tierarten zu setzen.

Niemand wünscht den Küstenwölfen in British Columbia dasselbe Schicksal. Vor einigen Jahren stellte Chris Darimont ein Team zusammen, um festzustellen, wie viele Winterreviere des Hirsches an der mittleren Küste vom Verschwinden bedroht sind. Eine umfangreiche kartografische Studie wurde durchgeführt, um das Ausmaß der Überschneidungen von Wäldern, die für den Hirsch geeignete Winterreviere darstellen, und Wäldern, die für die wirtschaftliche Holzgewinnung (sogenannte *timber harvest land base*, *THLB*) geeignet sind, festzustellen. Die Ergebnisse waren eindeutig: Winterreviere des Hirsches und THLB nehmen proportional kleine Flächen des gesamten Geländes ein – jeweils ungefähr zehn Prozent. Anlass zur Beunruhigung gab allerdings die Überlappung: Fast 50 Prozent der Winterreviere liegen in den THLB und können somit jederzeit zur Abholzung ausgewählt werden.

Dies ist eine ernstzunehmende Mahnung: Die Studie zeigt, dass die Auswirkung der Forstwirtschaft auf wild lebende Populationen überproportional größer sein kann, als der Prozentsatz des betroffenen Areals vermuten lässt. Wenn Holzunternehmen erklären, sie würden nur zehn Prozent des Waldes abholzen, kann dies 60 Prozent oder mehr des Habitats einer Spezies vernichten.

Selbst wenn man sich nur oberflächlich mit wissenschaftlichen Berichten befasst, erkennt man, dass die Behauptung, der Hirsch lebe in Kahlschlaggebieten, nichts als ein Mythos ist. Kahlschläge verursachen neben der Vernichtung von Winterrevieren weitere Probleme: Die Vegetation, die in abgeholzten Arealen so üppig zu wuchern scheint, ist oft nährstoffärmer und versorgt die Hirsche mit sehr viel weniger Proteinen. Das hat sich im Südosten Alaskas gezeigt und wurde mit unserer Studie bestätigt. Und in den Waldplantagen schirmen die dichten Baumkronen das Sonnenlicht ab, sodass die wesentlichen Futterpflanzen der Hirsche auf dem Waldboden nicht wachsen können. Biologen nennen diese Plantagen deshalb eine biologische Wüste.

Als ich meinen Weg bergaufwärts fortsetzte, fand ich statt zweier plötzlich viele Fährten: Ich hatte das Fish Trap Pack gefunden und begriff, dass die Wölfe Gebiete absuchten, in denen Hirsche an den blattlosen Heidelbeersträuchern äsen; nur die kleinen, kurzen Zweige waren zu erkennen.

Der Wald bestand aus hohen, alten Bäumen und konnte den Hirschen im Winter Schutz und Nahrung bieten. Zwischen Mooren und Lichtungen stieß ich sowohl auf Hirsch- als auch auf Wolfsfährten. Bald vereinten sich die einzelnen Wolfsspuren wieder zu einer Linie, und diese führte in ein angrenzendes Tal hinab und dann weiter landeinwärts zu einem der großen Seen im Herzen der Insel.

Je weiter ich durch diese alten Baumbestände mit Zedern

und Hemlocktannen wanderte, desto bewusster wurde mir, welche Probleme abgeholzte Areale in der Wolf-Hirsch-Dynamik verursachen. Wenn kleine Inseln von Urwald in einem gerodeten Gebiet stehen bleiben, werden diese bei Schneefall zum einzigen geeigneten Habitat für Hirsche. Die Wölfe können sie – unter Nutzung der Straßen in den Rodungsgebieten – schnell und mühelos in ihren kleinen Waldverstecken aufspüren und umzingeln. Auf diese Weise löschen Wölfe innerhalb kürzester Zeit einen größeren Hirschbestand aus. Einen Winter lang bedeutet dies Hirsch im Überfluss für die Wölfe, doch in den folgenden Jahren bricht die Hirschpopulation ein, was unweigerlich auch einen Rückgang der Wolfspopulation zur Folge hat.

Es kostete mich den ganzen Tag bis zum Anbruch der Dunkelheit, die Route des Fish Trap Pack nachzugehen. Würden wir bei unserem Forschungsprojekt invasivere Technologien wie Funk- oder Satellitenfernpeilung einsetzen, hätte ich die Wölfe gewiss schneller gefunden. Aber würde uns die invasivere Datenerfassung Informationen verschaffen, die ein anderes Bild der Wölfe zeichnen, unser Verständnis für die Tiere verändern? Die Antwort ist ein klares Nein. Ich wusste im Grunde genommen, wo sich die Wölfe befanden (irgendwo dort oben am Hang), warum sie dort waren und was sie taten. Weitere Details würden eher der Befriedigung meiner Neugier dienen als dem Wohl der Wölfe. Und zu wissen, wo sie überall nicht waren, war gleichfalls äußerst aufschlussreich für mich.

Untersuchung der Stammreviere

Während im gentechnischen Labor der University of California langsam und methodisch die DNA der Wölfe anhand der Kotproben analysiert wurde, führte ich mit Chris viele Gespräche über die Größe der Heimatreviere der einzelnen Rudel in dem Gebiet unserer Studie. Wir warteten gespannt auf die Ergebnisse, um unsere Thesen, welche Inseln von welchen Rudeln beansprucht werden, zu überprüfen.

Die Arbeit des Labors ist immer noch nicht abgeschlossen. Die Forscher ermitteln die Territorien der einzelnen Wölfe und aller Rudel im Bereich der Kernstudie, nicht nur die des Fish Trap Pack. Ausgehend von dieser Zuordnung wird es möglich sein, mittels Hochrechnung die erste auf DNA basierende Populationsschätzung der Wölfe entlang der Küste von British Columbia vorzunehmen.

Vor Jahren fiel es mir schwer zu glauben, dass ein Rudel, das ich morgens am nördlichen Ende der Insel beobachtete, identisch war mit dem, das ich abends auf der anderen Seite der Insel antraf. Mittlerweile kann mich hinsichtlich der Mobilität von Wölfen nichts mehr überraschen. Wölfe legen mühelos zehn Kilometer über unwegsames Gelände in zwei Stunden zurück, um von einer Seite der Insel zur anderen zu gelangen, und es wurden Geschwindigkeiten von über 56 Kilometer pro Stunde gemessen.

Paul Paquet berichtete mir von einer besonders reiselustigen Wölfin in den Rocky Mountains namens Pluei. Ihre

Familie war in Fallen stranguliert worden, und sie war allein unterwegs. Mittels eines Peilsenders, der ihre Aufenthaltsorte via Satellit übermittelte, konnten ihr die Forscher auf der Spur bleiben. Sie wussten, dass sie im Bow Valley in der Nähe des Lake Louise im Banff Nationalpark geboren war, zum Bow-Valley-Rudel gehörte, sich aber bald dem Banff Pack anschloss.

»Anhand der Signale, die wir plötzlich über Satellit empfingen, stellten wir fest, dass Pluei gerade auf einen Pick-up-Truck gesprungen war«, erzählte Paul, der damals leitender Berater des Forschungsprojekts war. Sie hatte sich entschieden, auf eine ausgedehnte Reise gen Süden zu gehen.

»Wir empfingen das Peilsignal aus dem Waterton Nationalpark und verfolgten ihren Weg jenseits der US-amerikanischen Grenze den ganzen Weg hinunter ins Yellowstone-Gebiet, wo sie sich unvermittelt gen Norden wandte, ins Elk Valley im Südosten von British Columbia wanderte, um dann den ganzen Weg zurück zum Banff Nationalpark zu laufen.«

Pluei lebte weitere drei Jahre, bevor sie von einem Jäger nahe Invermere erschossen wurde. Es stellte sich heraus, dass sie zu den Wölfen gehörte, denen Chris während seiner Zeit in den Rocky Mountains gefolgt war. Einer der Gründe, warum das Projekt abgebrochen wurde, war die Anzahl der vom Menschen verursachten Verluste. »Uns gingen im wahrsten Sinne des Wortes die Wölfe aus«, klagte Paul.

Eine Schwierigkeit beim Schätzen der Größe eines Heimatreviers besteht darin, dass natürliche Grenzen nur selten die Grenzen des Territoriums vorgeben – es gibt keinen sicheren Weg zur Bestimmung der Grenzlinien. Wölfe durchqueren schwimmend breite Wasserläufe, und auf dem Festland machen sie auch um Gebirge keinen Bogen – im Gegenteil, manche Rudel beanspruchen diese Gebiete als wichtige Jagdreviere für sich, weil dort Bergziegen und unter Umständen Murmeltiere beheimatet sind.

Dennoch hatte ich das Gefühl, dass die Informationen, die hier die Peilsender liefern könnten, es nicht rechtfertigen, den Wölfen so nahe zu treten. Hinzu kommt, dass die Flüge mit Buschflugzeug oder Hubschrauber nicht ungefährlich sind. Und wie Chris sagte: »Gleich zu Anfang, als wir uns einen Überblick über unsere Ressourcen verschafften, stellten wir fest, dass wir knapp bei Kasse, aber reich an talentierten Freiwilligen für die Feldforschung, an lokalem Wissen und an Zeit waren. Ich wusste, wir konnten dieses Forschungsprojekt auch anders bewältigen.«

Viele der Forschungsberichte über die Grizzlybären an der Küste basieren auf Telemetrie, bei der die Tiere mit Sendern ausgestattet werden. Es ist faszinierend, die aufgezeichneten jahreszeitbedingten Wanderungen der Bären auf der Karte zu verfolgen. Im Mündungsgebiet und Tal des Khutzeymateen River – ein Teil davon bildet Kanadas erstes Schutzgebiet für Grizzlybären – konnte so vielleicht der Schutz der Bären erreicht werden. Doch ich denke, dass eine nicht-invasive Studie in diesem Gebiet mindestens ebenso aussagekräftig gewesen wäre. All das Geld, das Hubschrauber und Flugzeuge kosteten, hätte für Feldforscher verwandt werden können. Und wenn Leute vor Ort Daten durch unmittelbare Beobachtung sammeln, gewinnt man Erkenntnisse, die kein Peilsender übermitteln kann. Bedauerlicherweise starben auch einige Bären im Dienste der Forschung, nämlich in den Fallen, die aufgestellt wurden, um ihnen die Halsbänder anzulegen. Invasiver kann eine Studie nicht sein.

Auch die andere wichtige Studie über Grizzlybären im Kimsquit Valley, das im Great Bear Rainforest liegt, war invasiv. Wiederum mussten einige Bären ihr Leben lassen und andere jahrelang das Gewicht der bis zu eineinhalb Kilogramm schweren Halsbänder mit sich herumschleppen.

Letzten Endes ignorierte der Sponsor, die Western Forest Products, die Ergebnisse, ließ das Tal fast vollständig abholzen und stellte dann in den frühen 1990er Jahren den Betrieb ein. Zurück blieb ein ernsthaft geschädigtes, durch Erdrutsch gefährdetes Tal mit biologisch verarmten Baumplantagen und einem Straßennetz, das es ermöglichte, noch mehr Bären zu jagen. Die Ausstattung der Kimsquit-Bären mit Peilsendern hatte ihrer Sache nicht geholfen.

Es ist für mich unvorstellbar, dasselbe mit unseren Wölfen zu tun. Zunächst müsste der Wolf gefangen und betäubt werden. Da der Einsatz von Betäubungsgewehren im Regenwald nicht möglich ist, lockt man den Wolf mit einem Köder in eine Falle mit einer Stahlseilschlinge – nicht selten wurde von Wölfen berichtet, die sich ein Bein abgebissen haben, um sich zu befreien. Dann nähern sich der Biologe und das Team und geben dem Wolf ein Beruhigungsmittel. Allerdings wird das Tier damit lediglich ruhiggestellt und nicht bewusstlos. Der Wolf bekommt alles mit, was mit ihm passiert, und zum ersten Mal in seinem Leben kann der Spitzenprädator sich nicht selbst helfen. Das Anästhetikum Ketamin ist eines der verwendeten Mittel; es bewirkt einen dissoziativen, traumähnlichen Zustand und Halluzinationen. Wenn es beim Menschen eingesetzt wird, kombiniert man es mit einem anderen Medikament, um die Halluzinationen zu verhindern. Das ist den Wölfen nicht vergönnt. Es ist schwierig, Ketamin optimal zu dosieren. Man bewegt sich dabei auf einem schmalen Grat zwischen der erwünschten betäubenden Wirkung und einer gefährlichen Überdosierung. In höheren Dosen ist Ketamin ein starkes Sedativum und kann den Herzschlag und die Atmung in einem gefährlichen Ausmaß herabsetzen. Man stelle sich vor, wie ein Alphamännchen oder -weibchen es empfinden muss, als Leittier das Rudel im Stich zu lassen. Und was es für das übrige Rudel bedeutet, wenn es ein gefangenes Mitglied im letzten Moment alleinlassen muss, weil sich Forscher der Falle nähern. In panischer Angst verbergen sich die Wölfe tief im Wald, lauschen und können die Angst ihres Rudelmitglieds riechen, während es die Prozedur über sich ergehen lässt.

In der Regel wird dem Tier dabei auch noch ein Zahn gezogen, um sein genaues Alter zu bestimmen. Das Zahnfleisch wird für eine zukünftige Identifizierung tätowiert, ein enges Halsband wird dem Wolf um den Hals geschnallt, Blutproben werden entnommen, und man hievt ihn auf eine Waage, um ihn zu wiegen. Nachdem alles erledigt ist, packen die Biologen ihre Ausrüstung zusammen, entfernen sich so ruhig wie möglich und lassen den Wolf allein wieder auf die Beine kommen, sobald die Wirkung der Betäubung nachlässt. Von nun an folgen die Forscher dem Wolf mit einem kleinen Flugzeug oder, falls die entsprechenden Geldmittel zur Verfügung stehen, mit einem Helikopter. Sie sind tatsächlich davon überzeugt, dass der Wolf ganz selbstverständlich an das Leben anknüpfen wird, das er führte, bevor er zu einem Forschungsobjekt wurde.

Ich habe den Eindruck gewonnen, dass Biologen jede Gelegenheit ergreifen, einem Tier ein Halsband mit Peilsender umzulegen, ohne sich zuvor eine einfache, aber entscheidende Frage zu stellen: Wird die gewonnene Information das Verhalten von uns Menschen gegenüber dem Wolf verändern? Falls sie sich diese Frage stellen, wird die Antwort oftmals »Nein« lauten, aber die Studie wird dennoch fortgeführt: »Nun, wir haben da gewisse Fördergelder.«

Ich verstehe, dass die Arbeit mit Peilsendern verlockend ist, denn sie hat mit technischen Spielereien und Computern zu tun, was auf einen wissenschaftlich veranlagten Menschen ja eine gewisse Anziehungskraft ausüben muss. Aber ich denke, man hält es auch schlicht und ergreifend für den einfachsten Weg. Es ist viel bequemer als das, was Chris und sein Team machen. Doch es fragt sich, ob Effektivität und Bequemlichkeit es rechtfertigen, ein so intelligentes und soziales Tier derart zu drangsalieren.

Ich hatte Glück. Mein Nachbar, ein Holzfäller, erzählte mir, dass er am Vortag, als er die Strände nach Holzstämmen abgesucht hatte, im Revier des Fish Trap Pack einigen Wölfen auf einem Inselchen begegnet war, die allem Anschein nach gerade einen Seelöwen verspeist hatten.

Als ich langsam in die Bucht fuhr, suchte ich die Umgebung mit dem Fernglas ab. Zuerst entdeckte ich die Raben und dann zwei schlafende Wölfe. Nüchtern würden sie wie zu einer Kugel zusammengerollt schlafen. Aber diese streckten sich mit vollem Bauch neben etwas aus, das tatsächlich die Überreste eines Seelöwen sein mochten. Ich stellte das Fernrohr in einer Entfernung von ungefähr einem Kilometer auf der anderen Seite des Kanals auf und wartete.

Kein Wolf fraß an dem Kadaver, als ich ankam, aber ich konnte verstreute Fleischbrocken und Knochen am Strand erkennen. Ein Schwarm Raben ließ sich auf den Felsen nieder, und Sekunden später rannten zwei Wölfe aus dem Wald heraus und verjagten sie.

Im Yellowstone Nationalpark gewann man kürzlich eine höchst interessante Erkenntnis über die Beziehung von Raben und Wölfen. Forscher erfassten bei jedem von Wölfen erlegten Beutetier den Anteil, den die Raben fraßen.

Jeder Bissen eines Raben ist einer weniger für das Rudel. Man stellte fest, dass im Vergleich zu größeren Rudeln Einzelgängern und kleinen Rudeln überproportional viel Nahrung verloren ging. Da ein einzelner Wolf problemlos große Beutetiere reißen kann, also keine Notwendigkeit besteht, in der Gruppe zu jagen, stellten die Forscher die Hypothese auf, dass die Verluste an die Raben die Entwicklung der Rudelbildung bei Wölfen auslösten.

Die beiden Wölfe waren TL und das weiße Weibchen Urchin. Bald folgte der Rest des Rudels aus dem Wald, und ich konnte beobachten, wie ihr Atem kleine Dampfwolken bildete, als sie ihre Schnauzen in den Körper des Meeressäugers versenkten. Ihre Mäuler trieften vor Blut. Drei Welpen spielten mit einem 15 Meter langen Stück Darm Tauziehen.

Es tat gut, TL zu sehen. Sie hatte gemeinsam mit den anderen zwei eiskalte Gewässer durchschwommen und war durch den Kanal gepaddelt, um auf dieses Inselchen zu gelangen, und nun freute es mich, dass sie eine ordentliche Mahlzeit erhielt. Diese Beute bedeutete für das Rudel ein wichtiges Plus an marinen Nährstoffen mitten im Winter und entsprach vom Nährwert her einem halben Dutzend Hirschen. Angesichts seiner Größe war der Seelöwe höchstwahrscheinlich tot angespült worden, sodass die Wölfe mit wenig Energieeinsatz seiner habhaft werden konnten.

Der Tag verging schnell, und es begann kalt zu werden. Das Rudel hatte sein Mahl beendet und verließ den Beuteplatz, und ich wollte gerade nach Hause fahren, als ich eine Bewegung jenseits des Waldes bemerkte. Ich richtete mein Fernrohr auf einen Granitfelsen, der sich ungefähr 150 Meter über der Insel erhob. Dort trat White Cheeks aus dem Wald heraus. Einige Momente später folgte das übrige Rudel. Von ihrem Aussichtspunkt aus konnten sie den gesamten Westrand ihres Territoriums überblicken.

Sie mussten meiner Meinung nach recht zufrieden sein: Der ganze Wurf dieses Jahres war noch am Leben und bei guter Gesundheit. Ich machte Ernest aus. Er war jetzt ausgewachsen, so schön wie eh und je, und er blickte über das Wasser. Selbst aus dieser Entfernung schien es, als ob er seine alten Tricks anwandte und mich anstarrte. Ich flüsterte einen Gruß.

White Cheeks stand an der Felskante, bog seinen Rücken und heulte. Die anderen Wölfe im dicken Winterfell und mit vollen Bäuchen stellten sich zu ihm und stimmten ein. Es war einer jener Wintertage, an denen es so windstill und vollkommen ruhig ist, dass der Schall sich über weite Entfernungen zu verstärken scheint. Das Geheul erreichte eine ekstatische Gewalt. Währenddessen standen manche der Wölfe auf ihren Hinterbeinen, bewegten die Vorderpfoten in der Luft und bogen die Köpfe nach hinten, als wollten sie ihre Stimmen höher in den Himmel erheben.

So abrupt, wie das Heulen begonnen hatte, brachte White Cheeks das Rudel wieder zum Schweigen. Einige Sekunden lang leckten die Wölfe einander ab und rieben ihre Schnauzen aneinander, während ihr Lied noch über dem Regenwald, dem Meer, den Seen und den Zedern auf den einstigen Dorfgeländen nachhallte. Ich schloss die Augen und genoss den Klang. Ich dachte an die unzähligen Tiere, viele von ihnen Beutetiere der Wölfe, die angstvoll verstummten, wenn das feierliche Lied der Wölfe erklang.

Die Welpen hatten ihr Spiel wieder aufgenommen, als ich zwei Minuten später erneut ein Geheul vernahm, das scheinbar wie die einsetzende Flut zurückkehrte. Zunächst dachte ich, es handele sich um das längste Echo, das ich je vernommen hatte, aber dann wurde mir klar, dass das unmöglich war. Alle Rudelmitglieder merkten umgehend auf und starrten Richtung Norden. Undeutliche, jetzt aber vernehmlichere Laute, die anschwollen und wieder abebbten – ein Geheul, das als Antwort an das Rudel gerichtet war. Das Village Pack antwortete.

Das Gefühl, das mich durchströmte, erinnerte mich an meine Empfindungen, als ich den alten Liedern im Big House lauschte, den uralten Rhythmen, die die Trommler den ausgehöhlten Zedernstämmen entlockten; es war ein Privileg, dessen war ich mir bewusst. Hier zwischen den beiden Wolfsfamilien, deren Ahnen viele Tausende von Jahren diese Wälder durchstreift hatten, erging es mir ebenso. Ich hätte gerne gewusst, was sie einander mitteilten. Und ich fragte mich, wie es dem Village Pack in diesem Winter erging. Ich dachte auch an das Surf Pack und die Stürme, denen es sich noch stellen musste, bevor der Frühling kam.

Dann beobachtete ich, wie die Wölfe nacheinander ohne einen Blick zurück im Wald verschwanden. Ich sah mich um und verspürte nur Stille und Einsamkeit. Ich schauderte ein wenig in der kalten Luft. Es war ein gutes Jahr gewesen.

Epilog

Von Wölfen und Menschen

Ich sitze halb gegen eine vom Wetter gebeugte Hemlocktanne gelehnt. Jedes Mal, wenn ich mich bewege, zerfällt sie ein wenig mehr zu einem matschigen roten Etwas, geht sie tiefer in die sich zersetzende Welt dieses Ästuars ein. Dieser Tag an diesem Ort fühlt sich an, als könnte es jeder andere Tag in jedem anderen Spätherbst der letzten paar Hundert Jahre sein – oder vielleicht sogar der letzten paar Tausend Jahre. Es sind mittlerweile drei Jahre vergangen, seit ich dieses Buch erstmals veröffentlicht habe, und während ich auf die Flussmündung im Kernrevier des Surf Pack hinausblicke, denke ich darüber nach, was sich seitdem verändert hat.

Bob gehört nicht mehr zum Rudel. Letztes Jahr begann er sichtlich zu altern. Er wurde dünner und wirkte nicht mal mehr annähernd wie das Leittier. Interessanterweise war er auch mir gegenüber freundlicher. Vielleicht wusste er, dass seine Zeit gekommen war und seine Führungsrolle jederzeit herausgefordert werden konnte. Jetzt führt einer seiner Nachkommen das Rudel.

Ich weiß nicht, wie dramatisch sich der Wachwechsel vollzogen hat, ob es zu einem Kampf kam, auf Leben oder Tod, oder ob der Übergang geplant war. Der neue Leitwolf steht in voller Größe auf einem der bevorzugten Aussichtspunkte, einem Felsen mit dem Ausmaß eines Hauses, den das Eis hier vor vielen Jahren hinterlassen hat.

Ich frage mich, ob Bob das Rudel einfach verlassen hat, um so gut als möglich alleine zurechtzukommen, ehe das Unvermeidliche einträte. War es ihm überhaupt möglich, in einer Struktur zu bleiben, die er einmal selbst angeführt hat? Oder hat er sich unter einem Baum zusammengerollt, um nie wieder aufzuwachen? Ich habe bei diesen Wölfen genug Mitgefühl und Intelligenz beobachtet, um mir vorzustellen, dass so etwas ohne Weiteres passieren kann.

Vieles andere ist unverändert geblieben. Die Wölfe haben die gleichen Sammelplätze wie früher, dieselben Pfade verbinden die bevorzugten Fischfangplätze flussaufwärts, und die Küstenpfade sind frisch ausgetreten und werden augenscheinlich regelmäßig benutzt. Dieser Ort ernährt dieses Rudel offenbar nach wie vor und ist weiterhin eine Oase für den Küstenwolf.

Ich hatte das große Glück, wilde Wölfe in einer beispiellos schönen und erhabenen Landschaft beobachten zu dürfen. Aber es gibt so viele gleichermaßen eindrucksvolle Orte, an die ich nicht mehr zurückkehren kann, Orte, die wild und unversehrt waren, als ich sie erlebte, und die mittlerweile schonungslos verunstaltet wurden. In den letzten 20 Jahren sind in über 40 großen Flusstälern an der mittleren Küste und der Nordküste British Columbias Straßen gebaut worden, und viele der küstennahen Inseln wurden ebenfalls der Holzindustrie überlassen, deren Vorgehen man nur als die schlagartige Auslöschung eines unersetzbaren Ökosystems beschreiben kann. Entlang der Pazifikküste zwischen Nordkalifornien und dem Süden von British Columbia, wo sich einst der gemäßigte Regenwald erstreckte, ist nicht ein einziges Wassereinzugsgebiet oder ein größeres Flusstal unversehrt geblieben; wir werden Zeugen eines ungeheuren Verlusts, der sich innerhalb eines bloßen Wimpernschlags der Geschichte vollzieht. Jedes dieser Flusstäler hätte schon aufgrund seiner weltweiten Seltenheit geschützt werden müssen. Das Abholzen dieser Wälder hatte nichts zur Folge, das auch nur im Entferntesten einen nachhaltigen Nutzen für die Bevölkerung dieser Küste gehabt hätte, sodass man sich fragen muss, warum wir diesen langfristigen Verlust an natürlichem Kapital zugunsten eines bestenfalls kurzfristigen Profits zulassen.

Die Wölfe von James Creek auf Pooley Island gehörten zu den ersten, die mich ihre Sozialordnung erleben ließen. Und als schönste Erinnerungen haben sich mir die ruhigen Sommerabende eingeprägt, an denen ich inmitten des Rudels im Dünengras saß und beobachtete, wie es die Lachse in den seichten Gewässern zusammentrieb, oder hellwach in meiner Koje lag und dem Heulen lauschte, wenn die Wölfe nachts auf Jagd waren. Es sind bittersüße Erinnerungen.

Jahre des Kampfes um den Schutz von Pooley Island endeten an dem Tag, an dem ich die ersten Lastkähne, beladen mit Straßenbaugeräten, in der Bucht anlanden sah. Die erste Dynamitsprengung zerriss den Wolfspfad und schleuderte Teile davon über das Wasser. An diesem Tag ging ich endgültig fort und kehrte den Wölfen, die mir so viel beigebracht hatten, den Rücken.

Wenn ich heute an Pooley Island vorübersegle und das Netz an Straßen und Kahlschlag-Arealen sehe, frage ich mich oft, was von dem einst so stolzen Rudel übrig geblieben ist. Ich denke an diese Wölfe, umgeben vom Gestank der Fahrzeuge, der Generatoren und des Mülls der Holzfällerquartiere. Ich denke an den Geruch von Diesel und Haushunden, an die Krankheiten, die diese vielleicht einschleppen, an das Stück Zündschnur, das Chris Darimont in Kotproben von Wölfen fand, an die Gewehre und Lastwagen. Heute verlaufen kreuz und quer Straßen über die Insel, wo einst nur alte, schmale, ausgetretene Pfade hinauf zu den Schlafplätzen der Hirsche führten.

Einige meiner Nachbarn, Ureinwohner und andere, haben bei der Holzindustrie auf Pooley Island und an weiteren Orten entlang der Küste Arbeit gefunden. Selbst sie gestehen, dass das Ausmaß der Abholzungen unhaltbar ist. Die Stämme werden zur Weiterverarbeitung verschifft, sodass sich die Tätigkeit der ortsansässigen Arbeiter auf das Fällen der Bäume und den Straßenbau beschränkt.

Die Unternehmen der Holzindustrie haben diverse Konkurse, Besitzerwechsel und Verstaatlichungen durchlaufen oder mussten von der Regierung vor dem Bankrott bewahrt werden. Heute sind die meisten schlecht zugänglichen oder schwer nutzbaren Überreste des Regenwaldes außerhalb der Schutzgebiete an Holzfirmen übertragen worden, die den First Nations gehören. Die Schuldenlast dieser Unternehmen und die riesigen Kapitalkosten, die sie tragen müssen, wenn sie neu in die Abholzung des Küstenwaldes einsteigen, bedeuten für gewöhnlich, dass eine Menge Bäume geschlagen und eine Menge Straßen gebaut werden müssen, um auch nur die Kapitalkosten zu decken.

Der Kopenhagener Gipfel von 2009 brachte eine gewisse Hoffnung für den Küstenregenwald mit sich, weil die politisch Verantwortlichen anerkannten, dass der Schutz der verbliebenen Primärwälder eine der entscheidenden und einfachsten Möglichkeiten im Kampf gegen die Klimaerwärmung ist. Der Stamm der Haida von Haida Gwaii unterzeichnete zudem eine Versöhnungsvereinbarung mit British Columbia, die vorsieht, den Einsatz von Klimakompensationen zum Schutz der Wälder zu prüfen. Man weiß heute, dass die Zerstörung von Ökosystemen in British Columbia, die hauptsächlich durch Abholzung erfolgt, mehr Kohlendioxid freisetzt als alle Verbrennungsmotoren und Autos dort zusammengenommen ausstoßen. Die verbliebenen und gefährdeten Küstenwälder haben also möglicherweise einen unerwarteten Verbündeten erhalten.

Im Februar 2006 kündigte die Regierung von British Columbia neue Schutzbestimmungen für schätzungsweise

30 Prozent des Great Bear Rainforest an. Darüber hinaus verpflichteten sich Industrie, Ureinwohner und die Provinzregierung, die übrigen Gebiete ab 2009 ökologisch verträglich zu nutzen (*ecosystem-based management, EBM*). Obwohl diese Ankündigung als »Sieg des Regenwalds« gefeiert wurde, ist ungewiss, was EBM für die 70 Prozent der ungeschützten Küstengebiete letztlich bedeutet. Aus diesem Grund erscheint die Zuversicht verfrüht.

Die Bedürfnisse der Wölfe wurden bei der Gestaltung und Wahl der Schutzzonen nicht einmal bedacht. Folglich ist voraussichtlich keine einzige Zone groß genug, um auch nur das Gesamtterritorium eines Rudels zu »schützen«. Außerdem wird mit dem Abkommen nicht der Erhalt der Wanderrouten zwischen den einzelnen Schutzzonen gesichert. Diese sind jedoch für große fleischfressende Spezies mit weitem Aktionsradius wie Bären und Wölfe überlebenswichtig.

Angesichts der vielfältigen Nutzungsoptionen, die für die Schutzzonen festgelegt wurden, fällt es schwer, diese als Schutzgebiete im eigentlichen Sinn des Wortes anzusehen. So ist beispielsweise auf fünf Prozent der Flächen Bergbau gestattet. In einigen Zonen wird die Errichtung von Massivbauten als Urlaubsquartiere für groß angelegte Tourismusprojekte gefördert, außerdem wird der Bau von Windfarmen sowie von großen Wasserkraftwerken in den Schutzgebieten vorgeschlagen. Diese neuen »Alternativ«-Energie-Projekte im industriellen Maßstab werden Kanadas Treibhausgasemissionen nicht verringern, weil der Strom in die Vereinigten Staaten exportiert werden soll. Wir müssen uns die Frage stellen, ob wir die uns verbliebene Wildnis zerstören sollen, indem wir riesige Windfarmen errichten und unsere Flüsse aufstauen, wenn der so erzeugte Strom dann letztendlich Klimaanlagen in Kalifornien antreibt.

Besonders irritierend ist die Tatsache, dass die Trophäenjagd auf Wölfe und Bären in den meisten der neuen Schutzgebiete gestattet ist.

Befürworter des EBM-Abkommens glauben, dass die ökologische Nutzung der übrigen Gebiete einen Ausgleich für den fehlenden Schutz von Kernhabitaten darstellen wird – mit anderen Worten, dass der zurückhaltende Einschlag außerhalb der Schutzgebiete dazu beitragen wird, die Diversität und die Verteilung von Flora und Fauna aufrechtzuerhalten. Aber dieses Modell hat sich anderenorts als nicht erfolgreich erwiesen, und es ist fraglich, ob der Great Bear Rainforest und die von ihm abhängigen Spezies auf diese Weise langfristig erhalten werden können. Unmittelbar nach Verkündung des Abkommens eskalierten in vielen intakten Regenwaldarealen Kahlschlag und Straßenbau, weshalb man daran zweifeln darf, dass Wirtschaft und Regierung tatsächlich willens sind, ihren Umgang mit dem Wald zu ändern.

Mittlerweile sind in British Columbia über 800 Anträge auf private Stromerzeugung gestellt worden. In der Regel erfordern diese Projekte den Bau von Straßen und Hochspannungsleitungen durch Wildniszonen sowie das Aufstauen oder Umleiten von Flüssen – und zwar oft innerhalb des Great Bear Rainforest. Die Bedrohung durch Energie-Projekte war während der Jahre der Landnutzungsplanung und der Umweltkampagnen zum Schutz der Küste nicht einmal zu erahnen, und doch sind sie nun, nur wenige Jahre später, zur größten Gefahr von allen geworden.

Und selbst wenn die Praktiken der Holzwirtschaft sich in den Gebieten des EBM-Modells verbessern, werden immer noch Straßen zu den Fällungsgebieten durch intakten Regenwald führen müssen. In seiner gründlichen Studie über die Sterblichkeit von Wölfen im Südosten Alaskas stellte Dave Person fest, dass 39 von 55 Wölfen, die zwischen 1993 und 2004 beobachtet wurden, umkamen. Unglaubliche 82 Prozent dieser Todesfälle wurden unmittelbar durch Jagd und Fallen verursacht, und in 75 Prozent der Fälle kamen die Menschen, die für den Tod verantwortlich waren, über Straßen in die Wolfsreviere.

Die hohe Mortalität aufgrund unnatürlicher und in hohem Maße auf den Menschen zurückzuführender Todesursachen der letzten 100 Jahre hat die Wölfe durch einen genetischen Flaschenhals gezwungen. Man stelle sich vor, es würden jährlich 30 oder 40 Prozent der gesamten Weltbevölkerung getötet – der Verlust an Sprachen, Kulturen und genetischer Diversität, die den Menschen so faszinierend machen, wäre erheblich. Durch die hohe Rate unnatürlicher Mortalität der Wölfe hat der Mensch ihre genetische Diversität stark verringert, die bei den Wölfen des Fish Trap Pack und anderer Rudel an der Küste von British

Columbia allerdings noch vorhanden ist. Gerade aufgrund dieser Vielfalt sind die Küstenwölfe so einzigartig und zählen zu den letzten wirklich wilden Wölfen der Erde.

2005 unternahm die Raincoast Conservation Foundation mit Unterstützung der an der mittleren Küste lebenden First Nations einen beispiellosen Schritt, indem sie die Outfitter-Lizenz, das heißt die Berechtigung zur alleinigen Nutzung als Tourenführer für eines der größten Gebiete in British Columbia, erwarb. Die Lizenz bezieht sich auf beinahe die Hälfte des Great Bear Rainforest und umfasst unter anderem die Reviere des Fish Trap Pack und des Village Pack. Sie beinhaltet auch die ausschließlichen Rechte zur kommerziellen Trophäenjagd, sodass in Zukunft zumindest in diesem Teil des Regenwalds die Wölfe und Bären vor Trophäenjägern sicher sind – wie das Oberhaupt der Heiltsuk, Ross Wilson, sagte, als der Erwerb der Lizenz verkündet wurde: »Wir jagen aus Notwendigkeit und nicht zum Vergnügen« – eine Aussage, die ich von Führern der Ureinwohner überall an der Küste hörte. Nördlich und südlich des Lizenzbereiches der Foundation geht allerdings die kommerzielle Trophäenjagd weiter. Und die Abschussrechte ortsansässiger Jäger in British Columbia sind nicht beschnitten worden.

Vergnügungsjagden auf Großraubtiere wie Grizzlybären oder Wölfe sollten verboten werden. Ein Verbot fände in der kanadischen Bevölkerung breite Zustimmung und könnte einem aufkeimenden Tourismuszweig, der auf das gewaltfreie Erleben der Wildnis abzielt, den Rücken stärken. Die First Nations der Küste und die Artenschutzorganisation Pacific Wild haben eine Kampagne ins Leben gerufen, die dafür kämpft, die unmoralische Praxis zu stoppen, Tiere als Sport oder der Trophäen wegen zu töten.

Beim Schutz von Teilen des Regenwalds wurden zwar gewisse Fortschritte erzielt, die marine Umwelt aber ist weiterhin nahezu schutzlos, obwohl sie nach dem Stand der Forschung die wichtigste Einflussgröße für die Biodiversität an der Küste und die Fruchtbarkeit des Regenwaldes ist. Studien ergaben, dass bis zu 80 Prozent des marinen Stickstoffs, der die Küstenwälder düngt, aus Überresten der laichenden Lachse stammt. Jüngere Ergebnisse von Isotopenanalysen zeigen außerdem, dass bis zu 70 Prozent der Beutetiere der Wölfe an der Außenküste aus dem Meer stammen, wobei Lachs einen wesentlichen Bestandteil ausmacht. Doch die Fischereiindustrie darf immer noch bis zu 80 Prozent mancher Lachszüge abfangen und verschont lediglich eine minimale Anzahl an Fischen, um die Sollvorgaben für die Reproduktion der Lachsbestände zu erfüllen.

Die Rolle, die der Lachs bei der Aufrechterhaltung des Ökosystems spielt, wurde im Herbst 2008 unter Beweis gestellt, als man an der Nordküste die niedrigste Rückkehrrate von Lachsen seit dem Beginn der Aufzeichnungen in den frühen 1950er Jahren beobachtete. Ich reiste damals von Laichfluss zu Laichfluss und war bestürzt darüber, wie sich die Flüsse verändert hatten. Die Abwesenheit der

Wildtiere und die Stille waren entsetzlich. Die Bären litten ganz offenbar unter dem Verlust ihrer wichtigsten Eiweißquelle, denn sie hatten ihre Flüsse verlassen, um anderswo nach Nahrung zu suchen. Die Wolfsrudel, die sich früher pünktlich wie nach der Stechuhr an den Lachsflüssen einfanden, waren nicht mehr zu sehen. Es war die schlechteste Laichsaison, die ich jemals erlebt habe, und die Flussläufer, die vom DFO mit der Zählung der Fische beauftragt worden waren und die teilweise deutlich mehr Erfahrung hatten als ich, stimmten mir darin zu.

Als ich die Laichgründe in jenem Jahr verließ, fragte ich mich, welche Auswirkungen das Ausbleiben der Lachse auf die vielen Arten haben würde, die auf ihre Rückkehr angewiesen waren. Im Jahr 2009, als mehr Lachse denn erwartet, vor allem Buckel- und Silberlachse, in den Great Bear Rainforest zurückgekehrt waren, wurden die Folgen des Rückgangs im Vorjahr offenbar. Die Grizzlybären blieben aus, und an der gesamten Küste wurde ein beinahe völliges Fehlen von Bärenjungen beobachtet. Pacific Wild drängte die Provinzregierung, angesichts der offensichtlich erhöhten Mortalität der Bärenpopulation und ihrer verringerten Reproduktionsrate die herbstlichen Trophäenjagden abzusagen. Trotz der internationalen Berichterstattung über diese tragischen Ereignisse gestattete die Provinz die Eröffnung der Jagdsaison.

Warum die Lachsbestände im Allgemeinen nach und nach zurückgehen, aber in manchen Jahren plötzlich wieder nach oben schießen – was uns jedes Mal ein wenig

Hoffnung gibt, die Art werde sich erholen –, ist weitgehend unbekannt. Diese ungeklärten Bestandserholungen ergeben sich wahrscheinlich aus einer Kombination günstiger Bedingungen im Meer, einer hohen Fruchtbarkeit, einer erfolgreichen Laichsaison, guten Bedingungen im Inland und schierem Glück beim Vermeiden der Netze sowohl in Kanada als auch – der Lachs wandert durch internationale Gewässer – auf hoher See.

Wir können zwar nicht immer erklären, warum die Lachse überleben, aber wir kennen einige der Faktoren, die ihr Überleben gefährden. Es gibt heute schätzungsweise 100 Lachsfarmen im Süden des Great Bear Rainforest und fünf in der Nähe der First-Nation-Gemeinde Klemtu im Great Bear Rainforest selbst. Die wissenschaftlichen Beweise für die Gefährdung des Wildlachses durch die Lachsfarmen sind unbestreitbar.

Des Weiteren entkommen immer wieder Atlantische Lachse – die bevorzugte Lachsart für die Zucht in Pazifikgewässern – und pflanzen sich fort. Diese fremde Spezies wurde sogar weit im Norden, im Beringmeer, gefunden – Tausende von Kilometern von der nächsten Fischfarm entfernt. Alaska hat den Betrieb von Lachsfarmen verboten, doch in British Columbia treibt die Regierung weiterhin die Expansion der Lachszucht am Great Bear Rainforest voran.

Die wachsende Bedrohung durch Energie-Projekte ist vielfältig. Sie resultiert nicht nur aus den Plänen, in der Wildnis des Great Bear Rainforest Strom aus erneuerbaren

Energien zu erzeugen, sondern auch aus dem Transport von Energie entlang der Küste. Die kanadische Bundesregierung verhängte 1972 ein Moratorium über die Küste von British Columbia, das weitere Bohrungen nach Öl und Gas sowie den Tankerverkehr vor der Küste verhindert; erstaunlicherweise blieb es trotz der weltweiten starken Nachfrage nach Öl in Kraft. Aber es ist fraglich, wie lange noch.

Der größte Pipelinebau-Konzern der Welt, das kanadische Unternehmen Enbridge, hat 2010 den Bau einer Doppelpipeline beantragt, die von den Ölsandvorkommen in Alberta 1170 Kilometer nach Kitimat im Herzen des Great Bear Rainforest führen soll. Wenn das Moratorium aufgehoben und die Pipeline gebaut werden sollte, werden in Zukunft vor der Küste British Columbias die Tanker, die täglich 200 000 Barrel Erdgaskondensat importieren (ein Nebenprodukt der asiatischen und russischen Flüssigerdgasindustrie), den größten Tankern der Welt begegnen, die zwei Millionen Barrel rohen Ölsand in Richtung Asien an Bord haben.

Diese Tanker werden mitten durch das Herz eines der großartigsten Küstenparadiese der Welt fahren, durch das Revier des Surf Pack und vieler anderer Wolfsrudel. Wir wissen aus anderen Regionen, in denen Offshorebohrungen stattfinden, dass es nur eine Frage der Zeit ist, bis eine Ölkatastrophe eintritt.

Industrie und Regierung verteidigen das Pipeline-Projekt und versichern den Leuten, dass moderne Tanker sicher seien und schwere Tankerunglücke der Vergangenheit angehören. Man muss sich nur einige der in letzter Zeit vorgefallenen Ölkatastrophen ansehen, um zu wissen, dass das Pipeline-Projekt eine Katastrophe ist, die jederzeit wahr werden kann.

Am 22. März 2006 rammte der Stolz der Fährschiffflotte von British Columbia, die *Queen of the North*, Gil Island und sank einige Stunden später in 300 Meter Wassertiefe; zwei Passagiere kamen dabei ums Leben. Das ist genau die gleiche Stelle, an der die Tanker durchfahren sollen. Aber ein in kanadischem Besitz befindliches, in Kanada gewartetes und betriebenes Passagierschiff ist aus irgendwelchen Gründen weniger sicher als ein ausländischer Öltanker?

Und nun ist im Golf von Mexiko eines der fruchtbarsten marinen Ökosysteme der Welt von Öl bedeckt. Und die Ölindustrie behauptet weiterhin, dass Ölförderplattformen vor der Küste sicherer seien als der Transport von Öl durch Tankschiffe.

Immer wieder hat mich die außergewöhnliche Fähigkeit der Wölfe, Situationen – insbesondere Gefahren und Bedrohungen – aus großer Entfernung einschätzen zu können, in Erstaunen versetzt. Ich muss mich häufig ermahnen, die Fotografie nicht als »Jagd« zu empfinden, denn Wölfe pflegen dies zu spüren. Sie neigen dazu, sich nur zu zeigen, wenn ich mir selbst eingeredet habe, dass es egal ist, ob sie an diesem Tag auftauchen oder nicht.

Ein weiteres Beispiel für die außergewöhnlichen Instinkte des Wolfes ereignete sich 2006. Gudrun Pflüger ließ sich von der Forschungsarbeit beurlauben, um ein deutsches Fernsehteam beim Drehen eines Dokumentarfilms über Küstenwölfe als Führerin zu begleiten. Es war ein Traumjob für Gudrun: Statt Transsekte abzulaufen und Hirsch- oder Wolfskot zu sammeln, verbrachte sie lange Stunden damit, für das Filmteam die Wölfe aufzuspüren.

Das Filmprojekt ging spät im Sommer dem Ende zu. Gudrun lag mitten in einem Mündungsgebiet im Gras, und der Kameramann war ein ganzes Stück entfernt, als etwas höchst Ungewöhnliches passierte: Ein Rudel Wölfe kam aus dem Wald und umzingelte sie. Es war eigentümlich, dass ein ganzes Rudel bei einer ersten Begegnung so rasch so nahe kam, vor allem wenn nicht nur eine Person anwesend war. Die Wölfe umkreisten Gudrun, nahmen ihre Witterung auf und betrachteten sie aus nur wenigen Metern Entfernung. Sie wirkten nicht sonderlich aufgeregt und waren nicht aggressiv, was ein typischeres Verhalten gewesen wäre.

Den Rest des Abends verbrachten sie spielend in ihrer Nähe, ganz so, als wollten sie sie nicht verlassen. Marven Robinson von der Gitga'at First Nation, der auch für das Filmteam arbeitete, beobachtete die Episode, und auch er stellte fest, dass sich die Reaktion der Wölfe von ihrem gewöhnlichen Verhalten unterschied.

Zwei Wochen später lag Gudrun im Krankenhaus, weil ein lebensbedrohlicher Gehirntumor diagnostiziert worden war. Sie kämpfte viele Monate um ihr Leben und musste intensive Therapien über sich ergehen lassen. Schließlich überwand sie aber die Krankheit und lebt heute mit ihrem kleinen Sohn in Österreich. Wenn ich die Filmaufnahmen von jenem Abend sehe, komme ich nicht umhin zu vermuten, dass die Wölfe von ihrer Krankheit wussten und ihr etwas mitteilen wollten. Chester Starr spricht oft von dem Glauben der Heiltsuk, dass sich Wölfe nur zeigen, wenn sie versuchen, uns etwas mitzuteilen.

Es kann schwierig sein, die Bedürfnisse der Wölfe und die Notwendigkeit, die Öffentlichkeit über Wölfe zu informieren, in Einklang zu bringen. Die Menschen interessieren sich nicht für den Schutz von etwas, das sie nicht kennen und verstehen. Aber wenn man die Wölfe zu sehr ins Rampenlicht stellt, kann dies auch schwerwiegende Folgen haben.

Das war der Fall, als 2004 die Raincoast Conservation Foundation einem Team von National Geographic Television half, ein Rudel in einem Nachbarrevier des Fish Trap Pack zu filmen. Das Filmteam verbrachte eine lange Zeit bei den Wölfen und hatte bald Erfolg: Im Laufe der Monate filmte es den Umgang der Wölfe miteinander, ebenso den mit Grizzlybären und Schwarzbären und auch ihre außergewöhnlichen Methoden beim Lachsfang. Das Team kannte jeden Wolf persönlich und beobachtete alle Welpen dabei, wie sie jeweils ihren ersten Lachs fingen. Das Filmmaterial war bemerkenswert; die Dokumentation, die daraus entstand, wurde auf der ganzen Welt gesehen.

Im November, als die Laichzeit der Lachse vorüber und das Filmteam abgereist war, erhielt ich einen Brief des örtlichen hauptberuflichen Tourenführers, der damals in Bella Coola lebte. Er teilte mir mit, dass »unsere« kostbaren Wölfe nicht mehr lebten, dass er gerade so viele wie möglich abgeschossen hatte; er nannte das »Verbesserung des Huftierbestands«. Er tötete sie, während sie am Strand spielten. Später fand ich heraus, dass er entdeckt hatte, wo das Filmteam arbeitete. Ein Jahr später erwarb die Raincoast Conservation Foundation seine Lizenz für das Areal.

Oftmals denke ich, dass sich die Wölfe fremden Menschen nicht so bereitwillig gezeigt hätten, wären sie nicht durch die lange Anwesenheit des Filmteams konditioniert worden. Es ist eine Ironie des Schicksals, dass diese Wölfe, die den Menschen so lange entgehen konnten, in dem Jahr erschossen wurden, in dem sie bei Millionen von Menschen überall auf der Welt im Wohnzimmer zu Gast waren.

So tragisch diese Begebenheit war, sie entpuppte sich als Katalysator im Kampf gegen die unethische und willkürliche kommerzielle Trophäenjagd an jenem Küstenabschnitt. In einem beispiellosen Schritt erwarben Umweltschützer und die First Nations der mittleren Küste die Abschusslizenzen und beendeten die kommerzielle Trophäenjagd auf Fleischfresser. Seit über vier Jahren gibt es keine derartige Jagd mehr in diesem Gebiet, und die Tiere kehren allmählich zurück. Namentlich die Grizzlybären zeigen sich langsam wieder an Orten, die sie gemieden haben, solange es die kommerzielle Trophäenjagd gab.

Das Problem der Gewöhnung und der mögliche Schaden, den sie für die Wölfe mit sich bringen kann, bereiten mir Kopfzerbrechen. Wir müssen sorgfältig darauf achten, die Wölfe und andere Wildtiere nicht unnötig an den Menschen zu gewöhnen. Glücklicherweise haben wir nach Jahren des Nachdenkens darüber, wie wir Wölfe und andere wilde Tiere beobachten und studieren können, ohne ihnen ständig nahe zu kommen, Fortschritte gemacht.

Im Jahr 2007 habe ich die Artenschutzorganisation Pacific Wild mitbegründet. Eine der Aufgaben von Pacific Wild besteht in der Erforschung, Entwicklung und Durchführung streng nicht-invasiver Studien des Verhaltens der Wildtiere an der Küste. Um dieses Ziel zu erreichen, haben wir funkferngesteuerte Videokamerasysteme aufgestellt, die ihre Energie aus Brennstoffzellen in über 30 Kilometern Entfernung beziehen. Die Technik ist ziemlich beeindruckend, aber der Unterschied zwischen dem Wolfsverhalten, das ich im Laufe der Jahre direkt beobachten konnte, und dem, das ich per Video sehe, ist noch bemerkenswerter. Meine früheren Kontakte mit den Wölfen erforderten einen beträchtlichen Zeitaufwand, um eine Beziehung zu ihnen aufzubauen, und selbst dann blieben bestimmte Tiere scheu und zeigten sich mir nicht in dem Ausmaß wie andere Mitglieder des Rudels. Ich habe mich oft gefragt, ob ich sie verdrängte oder ob manche Rudelmitglieder einfach geborene Einzelgänger waren, die gerne etwas Zeit getrennt vom Rest des Rudels verbrachten. Beim

Ansehen der Livebilder unserer Kameras war mir sofort klar, dass manche Wölfe einfach weniger tolerant gegenüber der Anwesenheit eines Menschen waren als andere. Der größte Unterschied war allerdings, dass die Wölfe kein einziges Mal in die Kamera sahen. Ich hatte mich daran gewöhnt, dass die Wölfe ständig zu mir herüberblickten oder mich geradezu anstarrten, aber hier gingen sie ihren Spielen, der Pflege ihrer sozialen Bindungen, dem Fischen und so vielen anderen Dingen nach, ohne auch nur einen Blick auf die Kamera zu richten.

Wild lebende Wölfe zu beobachten war äußerst schwierig, aber manche Arten haben sich als noch schwerer zugänglich erwiesen. Inwieweit sind Berglöwe und Vielfraß auf den Lachs angewiesen, und mit welchen speziellen Techniken fischen sie? Die Interaktionen zwischen Wolf und Bär sind immer noch nicht untersucht, und ich war nicht in der Lage, das Erlegen einer Robbe durch einen Wolf umfassend zu dokumentieren. Die Beobachtung mittels ferngesteuerter Videokameras wird uns viele neue Einblicke in das geheime Leben des Great Bear Rainforest verschaffen.

Es sind nicht nur die kommerziellen Trophäenjäger, die es auf Wölfe abgesehen haben. Chris und ich trafen zufällig ein Paar, das erst kürzlich aus Idaho in die entlegene ehemalige Minenstadt Alice Arm an der Nordküste gezogen war. Chris fragte die beiden arglos, ob sie wüssten, wo in der Gegend Wölfe zu finden seien, damit er Kotproben sammeln könne. Der Mann erklärte ihm, dass er etwas

Besseres für uns habe als Kotproben. Er fuhr mit Chris im Ruderboot hinaus in die kleine Bucht. Dort holte er seine Garnelenreusen ein, die an circa 60 Meter langen Leinen im Wasser versenkt waren, und hievte sie ins Boot. In beiden Fällen krabbelten Garnelen aus den Augenhöhlen eines zum Teil gefressenen Wolfskopfes. Manche Menschen haben so wenig Achtung vor den Wölfen, dass sie diese als Garnelenköder verwenden.

Auf unserer Heimfahrt eine Woche später machten wir an der aufgegebenen Konservenfabrik in Butedale halt, wo uns der Verwalter mitteilte, wir könnten einen toten Wolf direkt hinter dem Haus zwischen den Brombeersträuchern finden. Er hatte ihn gerade erst abgeschossen, weil er fürchtete, der Wolf könnte seine Hunde töten. Er erklärte uns darüber hinaus, dass man einen Wolf am einfachsten fängt, indem man große Heilbutt-Haken in einem Fleischbrocken verbirgt und diesen an einem Ast in etwa zwei Metern Höhe aufhängt. Wenn die Wölfe hochspringen, um nach dem Fleisch zu schnappen, bleiben sie an den Haken hängen und gehen elend zugrunde. Oder sie verschlingen den Köder mitsamt den Haken und verenden, weil diese ihnen die Eingeweide zerfetzen.

Das sind nur einige Geschichten, die zeigen, mit welchen Vorurteilen der Mensch den Wölfen noch immer begegnet und wie hemmungslos er sie verfolgt.

Ein Aspekt der Ökologie des Wolfes, den ich mehrfach beobachten konnte, seitdem dieses Buch erstmals veröffentlicht wurde, ist die Technik, mit der sie Schwarzbären jagen. Nachdem ich einen ganzen Tag lang das Fish Trap Pack beobachtet hatte, war ich beinahe schon eingeschlafen, und Gleiches galt für das Rudel auf der anderen Seite des Ästuars. Plötzlich richteten sich einige rote Ohren auf. Ich folgte dem Blick der Tiere, die wachsam aufgesprungen waren, und sah einen großen Schwarzbären stromabwärts durch den Bach zotteln. Der Wind blies beständig und stark und kam, zum Glück für die Wölfe, von stromaufwärts. Ich hatte einen günstigen Standort, mit ungehinderter Sicht auf das bevorstehende Aufeinandertreffen. Die Wölfe waren nun alle wach und sahen aus, als hätten sie eine Entscheidung darüber getroffen, was sie mit dem Bären tun wollten. Der Bär war nur noch 15 Meter von dem gesamten Rudel entfernt und sich offensichtlich immer noch nicht der Anwesenheit der Wölfe bewusst. Sie waren alle wach und kauerten sich auf dem Boden zusammen; die langen, gebogenen Seggen, die das Ästuar bedeckten, verbargen sie vollständig. Als der Bär schon beinahe über ihnen stand, richteten sich alle gleichzeitig auf, und zwei von ihnen griffen ihn sofort an. Wie nicht anders zu erwarten, versetzte das den Bären in helle Aufregung. Bären sind erstaunliche Kreaturen, die binnen eines Herzschlags von gemütlichem Schlendern zu Lichtgeschwindigkeit übergehen können.

Der Bär drehte sich sofort um und sprang zum Fuß einer mittelgroßen Sitka-Fichte. Unglücklicherweise hatte dieser Baum nicht besonders viele Äste, und so blieb dem Bären nichts anderes übrig, als sich am Stamm festzuklammern. Was als Nächstes geschah, machte mir einmal mehr bewusst, wie intelligent Wölfe sind. Mit dem geringsten, aber wohlkalkulierten Aufwand hatten die Wölfe einen Bären einen Baum hinaufgejagt. Danach schlenderten sie durch den Bach, und bald hatte sich jeder Wolf niedergelegt, zum Schlaf zusammengerollt, und das ganze Rudel lag hier und da im Umkreis des Baumes verstreut. Es war, als hätten sie so etwas schon Hunderte Male getan, und der Einzige, der das Spiel noch nicht durchschaut hatte, war der arme Bär auf seinem Baum. Vier Stunden lang geschah nichts, außer dass der Bär immer mehr ermüdete, gequält die Position wechselte und hörbar ächzte. Alles, was die Wölfe tun mussten, war, etwas Schlaf nachzuholen, während der Bär sich selber erschöpfte, bis er schließlich vom Baum fallen würde wie ein überreifer Apfel. Im Laufe der Nacht fiel der Bär entweder tatsächlich vom Baum, oder er versuchte davonzurennen. Am nächsten Morgen fand ich schwarze Haare, Blut und rohes Fleisch im Wald verstreut.

Obwohl Wölfe auch weiterhin den Menschen meiden, zeigen zwei Vorfälle, die sich unlängst an der Küste British Columbias ereignet haben und in die zufälligerweise beide Male Kajakfahrer verwickelt waren, was passieren kann, wenn Menschen Wölfe gezielt an sich gewöhnen. Auf Vargas Island, in der Nähe der Gemeinde Tofino an der Westküste von Vancouver Island, hatten Touristen Wölfe gefüttert. Ein bedauernswerter Kajakfahrer schlief unter freiem

Himmel, als er plötzlich aufwachte, weil ein Wolf in seine Kopfhaut biss; das Tier hatte sich an menschliche Nahrung gewöhnt.

Ein anderer Vorfall, der sich näher am Revier des Surf Pack ereignete, betraf einen Solo-Kajakfahrer, der am Strand sein Nachtlager aufschlug. Als er seine Sachen auspackte, näherte sich ihm ein einsamer Wolf und biss ihm in die Hand. Was der Kajakfahrer nicht wusste, war, dass der Strand häufig von Sportfischerei-Führern aus der Gegend aufgesucht wurde und dieser Wolf dadurch an Menschen und ihr Essen gewöhnt worden war. Zum Glück hatte keiner dieser Zwischenfälle tödliche Verletzungen zur Folge, aber beide Wölfe wurden in der Folge abgeschossen.

Die nationale Medienberichterstattung, so ungerechtfertigt sie angesichts der Umstände auch war, rückte die Frage in den Mittelpunkt, inwiefern die Wölfe immer gefährlicher würden, und lief darauf hinaus, dass die Regierung noch mehr Abschüsse erlauben solle. Angesichts der bereits bestehenden Abschussprogramme in British Columbia, Alaska und anderenorts sowie der Jagdzeitregulierungen fällt es schwer, sich vorzustellen, wie Wölfe sich noch mehr Ausrottungsprogrammen gegenübersehen könnten. Es ist jedoch angesichts der rasch voranschreitenden Besiedlung der letzten wilden Plätze in Nordamerika unvermeidbar, dass die Begegnungen zwischen Wolf und Mensch zunehmen werden. Man nimmt an, dass Candice Berner im März 2010 in Alaska die erste Nordamerikanerin der jüngeren Vergangenheit war, die nachweislich von einem Wolf getötet wurde. Ihr Leichnam wurde auf einem Joggingpfad eine Meile entfernt von ihrem Haus in der Nähe des Chignik Lake gefunden.

Ein anderer Vorfall, über den immer noch heftig diskutiert wird, ereignete sich im November 2005 in Saskatchewan. Kenton Carnegie, Student an der University of Ontario, wurde tot aufgefunden; in der Nähe des Leichnams, unweit des Bergarbeiterlagers, in dem er gearbeitet hatte, fanden sich Wolfsspuren. Der Biologe Paul Paquet glaubt, dass Carnegie von einem Schwarzbären getötet wurde und die Wölfe erst später zu seiner Leiche kamen, der Gerichtsmediziner jedoch wies diese Theorie zurück und schrieb den Todesfall den Wölfen zu. Wenn es tatsächlich die Wölfe gewesen sein sollten, wäre dies der erste bekannte Fall in Nordamerika, in dem gesunde Wölfe einen Menschen getötet hätten – und das wäre doch ziemlich bemerkenswert angesichts der Millionen und Abermillionen von Menschen, die in Nordamerika durch von Wölfen bewohnte Gebiete reisen und gereist sind. Davon abgesehen allerdings, ob es nun ein Schwarzbär war oder Wölfe, gab es in der Nähe des Fundorts von Carnegies Leiche eine nicht eingezäunte, offene Müllkippe, die regelmäßig von Wölfen aufgesucht wurde, wodurch sie auf menschliche Abfälle konditioniert wurden. Diese Gewöhnung ist der Aspekt, den alle vier Vorfälle gemeinsam haben.

Im Jahr 2001 hatten wir gerade die Wurfhöhle unter den eingefallenen Querbalken des Big House der Heiltsuk auf

Yeo Island entdeckt, als wir die Geräusche von Sprengungen und schweren Maschinen vernahmen: Sie waren nur noch ungefähr fünf Kilometer von uns entfernt südlich an den oberen Hängen. Mitarbeiter von Western Forest Products waren dabei, eine neue Straße in Gebiete zu bauen, die abgeholzt werden sollten. Diese führte geradewegs auf die Wurfhöhle zu. Chester und ich wanderten die Hänge oberhalb des Dorfes und der Wurfhöhle hinauf und entdeckten die mit Absperrband markierten Karrees, die zur Abholzung vorgesehen waren. Innerhalb eines dieser Karrees lagen eine sehr alte indianische Fertigungsstelle für Kanus und Hunderte von Bäumen, die zu Kultzwecken bearbeitet worden waren.

An dem Tag, an dem wir Vertreter der Heiltsuk dorthin führten, kamen die Welpen wie auf ein Signal hin aus dem Wald gekullert und spielten für einige Minuten am Strand. Wenig später gelang es der Führung der Heiltsuk, das Holzunternehmen dazu zu bewegen, den Bau der Straße einzustellen.

Doch bevor die Firma Mitarbeiter und Material abzog, überfuhr einer ihrer Trucks versehentlich das Alphaweibchen des Village Pack, und der Fahrer warf die tote Wölfin von einer Brücke. Drei Tage lang heulte das übrige Rudel und beklagte den Verlust seines höchstrangigen Weibchens, der Mutter des diesjährigen Wurfes. Und dabei heißt es doch immer, dass die Trauer um Tote zu den Fähigkeiten gehört, die uns Menschen von allen anderen Lebewesen unterscheiden.

Die Territorien des Village Pack sowie des Fish Trap Pack sind nach wie vor ungeschützt, und solange man die hier angeführten Gefährdungen nicht angeht, lässt sich nur schwer voraussagen, wie die Zukunft der in diesem Buch beschriebenen Wölfe aussieht.

Die Wölfe des Great Bear Rainforest brauchen ganz einfach mehr Schutz. Sie haben eine würdige Existenz verdient, und auch wenn ich nicht genau sagen kann, was das bedeutet, so bedeutet es doch sicherlich nicht, als Trophäe, beim Jagdsport oder aus Unwissenheit getötet zu werden. Es kann auch unmöglich bedeuten, dem unablässigen Verlust ihres Habitats durch Ölkatastrophen, Abholzung oder der Überfischung der Lachsbestände ausgesetzt zu sein. Dies alles sind Dinge, die zu ändern in unserer Macht liegt.

Wenn ich in die bernsteinfarbenen Augen eines Wolfes blicke, habe ich das sichere Gefühl, ihn zu verstehen – soweit das bei einem Geschöpf möglich ist, in dessen Genen ein Urvertrauen angelegt ist, wie es nur ein Tier besitzt, das niemals gezähmt wurde. Es sind die Augen eines Jägers, der nie gejagt wurde. Diese Augen sind der Schlüssel zu einem besseren Verständnis der Wölfe und des gesamten Regenwalds, den sie repräsentieren. Wenn ich in diese Augen blicke, bitte ich um ein wenig mehr Zeit. Ich bitte den Wolf, noch eine kleine Weile Geduld mit uns zu haben, während wir unseren Weg finden. Zukünftige Generationen werden am Strahlen dieser Augen ablesen können, ob wir den richtigen Weg eingeschlagen haben.

Dank

Viele Menschen haben auf die unterschiedlichste Art und Weise zu diesem Buch beigetragen, und ich bin ihnen allen zutiefst dankbar dafür. Ich hoffe, dass ich allen, die im Folgenden nicht namentlich aufgeführt sind, auf andere Art meinen Dank ausgedrückt habe.

Insbesondere habe ich das große Glück, meine Frau und Seelenverwandte Karen, meine Tochter Lucy und meinen Sohn Callum zur Seite zu haben. Ich danke meiner Mutter Jane für ihre Unterstützung und Ermutigung und meinem Vater Peter, der als Erster die Schutzmöglichkeiten für den Great Bear Rainforest erkannt und entsprechend gehandelt hat.

Mein Dank gilt auch folgenden Menschen:

Cameron Young für seinen beständigen Einsatz für den Regenwald von British Columbia, seine Geduld und seinen Rat, mit dem er das Buch von Beginn an hilfreich unterstützt hat.

Allen Mitarbeitern von Greystone Books, namentlich Rob Sanders, der vom ersten Tag an mit ganzem Herzen hinter dem Projekt stand, Nancy Flight für ihre Ratschläge und das Feilen an Formulierungen sowie Wendy Fitzgibbons, die beim Lektorieren ihre gute Laune behielt.

Den Mitarbeitern, Leitern, Freiwilligen und Unterstützern der Raincoast Conservation Foundation, mit deren Hilfe der Schutz der Küste von British Columbia verbessert wurde; insbesondere Chris Genovali, Misty MacDuffee, Nicola Temple, Chris Darimont, Heather Recker, Robin Husband, Jennifer Kingsley, Michelle Larstone, Mike Price, Rob Williams, Chris Williamson, Corey Pete, Marnie Phillips, Teunis Jan Schouten, Loredana Loy, Shelby Temple, Will Cox, Frances Hunter und Briony Penn.

Den Seefahrern, deren Beobachtungen ich äußerst wertschätze: Erin Nyhan und Brian Falconer, *Achiever*; Trish Smyth und Eric Boyum, *Great Bear 11*; Kevin Smith und Maureen Gordon, *Maple Leaf*; Jenn Broom und Tom Ellison, *Ocean Light 11*; Doug und Carol Stewart, *Surfbird*; Jean-Marc Leguerrier, *Til Sup*; Stan Hutchings und Karen Hansen, *Hawk Bay*; Dave und Stacey Lutz, *Nawalak*; Harvey Humchitt und Mel Innes, *Clea Rose*; Mike Durban, *Blue Fjord*; Randy Burke, *Island Roamer*; Patrick und Marsha Freeney, *Nirvana*; Vern Sampson, *Frances M*; Ralph Nelson, *Gnoses*; Warren und Helen Buck, *Metridium*; Mike Hobis, *Duen*; Gary Housty, *Twin Fisher*; Robbie und Jan Macfarlane, *Merry Mac*; Rob Flemming, *Pender Chief*; Larry Olsen und Dave Bell, *Canadian Shore*.

Von den folgenden Autoren, Wissenschaftlern, Forschern und Biologen habe ich im Laufe der Jahre viel gelernt:

Wayne McCrory, Paul Paquet, Michael Soulé, Richard Jeo, Sanjayan Muttulingam, Alexandra Morton, Barrie Gilbert, Lance Craighead, Matt Kirchhoff, John Schoen, Dave Person, Dennis Sizemore, Barry Lopez, Brian Horejsi, Bristol Foster, Faisal Moola, Morgan Hocking, Dan Klinka, Neville Winchester, Dionys de Leeuw, David Suzuki, Rick Bass, L. David Mech, Doug und Andrea Peacock, Peter Ross, Ian McTaggart-Cowan, Chris Filardi und Tom Reimchen.

Was die Fotografie angeht, so danke ich Chris Cheadle, Jeffrey Bosdat, Adrian Dorst und Marvin Nehring für ihre Mithilfe und Custom Colour für die phantastischen Entwicklungen.

Alle eventuellen Irrtümer oder Flüchtigkeitsfehler sind mir zuzuschreiben, aber ich danke den folgenden Menschen dafür, dass sie mein Manuskript teilweise oder ganz durchgesehen haben: Karsten Heuer, Leanne Alison, Chris Genovali, Wayne McCrory, Chris Darimont, Paul Paquet und Jane McAllister.

Ein Dankeschön auch an alle Freunde und Kollegen, die über all die Jahre zu diesem gemeinsamen Werk beigetragen haben:

An Bryan McGill, Don Arney, Twyla Roscovich, Ellie und Kiff Archer, Evan Loveless, Johanna Gordon-Walker, Gudrun Pflüger, Murray Reid, Fred Reid, Andrew Kotaska, Christine Scott, Andrew Westoll, Jürgen Boden, Sam Catron, Jennifer Carpenter, Mary Vickers, Don Vickers, Chuck und Phoebe Rumsey, Sam Tucker, Martin Campbell und Ed Moody. An die verstorbenen Ed Martin, J. R. Martin, David Gladstone und Cyril Carpenter. An Ross Wilson, Jordan Wilson, Elroy White, Nicholas Read, Brian Payton, Matt Jackson, Liz und Ron Keeshan, Svetlana und Jeff Hansen, Doug Neasloss, Marven Robinson, Chester Starr und Pic Walker, Uwe Mummenhoff, Michael Mayzel, John Huguenard, Charlene Wendt, Mike und Maureen Heffring, Ian Gill, Baden Cross, Stephen Anstee, Heidi Krajewski, Anita Rocamora, Sandy und Savvy Sanders, Jessie Housty, Marge Housty und Larry Jorgenson.

Besonders dankbar bin ich William Housty für seine Geduld, die wertvollen Einblicke in die Kultur der Heiltsuk und dafür, dass er mir die Geschichte der Dog Eater Society offenbart hat. Ich danke auch T'sumklaqs, Peggy Housty, die mir freundlicherweise erlaubte, die Wolfsgeschichte in diesem Buch wiederzugeben und die Fotografien ihrer Wolfsmaske und ihres Wolfsfells hier abzubilden, sowie Pauline Waterfall für ihre Unterweisung.

Zu guter Letzt gilt mein Dank natürlich Chris Darimont und den Unterstützern der Wolfsforschung im Regenwald, insbesondere der Wilburforce Foundation, der Vancouver Foundation, der Raincoast Conservation Foundation, Mountain Equipment Co-op, Patagonia, Inc., Robert und Birgit Bateman, der McCaw Foundation, der National Geographic Society, der Summerlee Foundation, der Valhalla Wilderness Society, der University of California–Los Angeles, der University of Victoria, dem Natural Sciences and Engineering Research Council, der Bullitt Foundation, Susan Mackey-Jamieson, Yvon und Malinda Chouinard, den Heiltsuk Hemas und dem Heiltsuk Tribal Council, Nathan DeBruyn, Song Neo-Liang, Bo Reid, Shelley Alexander, Merav Ben-David, Heather Bryan, Jennifer Leonard, Erin Navid, Rick Page, Mike Quinn, Gordie Gladstone, Kasia Rozalska, Patty Swan, Robert Wayne, Michael Uehara und der King Pacific Lodge, Dean und Kathy Wyatt, der Knight Inlet Lodge, Craig Widsten und Shearwater Marine sowie Jim und Jean Allan, die mir ein freundliches Refugium zum Schreiben dieses Manuskripts zur Verfügung stellten.

Anmerkungen zu den Fotografien

Alle Naturaufnahmen entstanden in der Wildnis und wurden nicht gestellt. Kein Bild wurde nachträglich verändert oder manipuliert. An Material verwendete ich hauptsächlich 35-mm-Filme – Fuji Velvia und gelegentlich Fuji 100. Die Kameraausrüstung stammt von Nikon und Pentax. Ich danke LowePro, Nikon, Patagonia und Raincoast für Zuwendungen in Form von Ausrüstungsgegenständen, Linsen und Verschlüssen und Vistek für die technische Beratung.

Für weitere Informationen:

Kontaktieren Sie mich unter PO Box 26, Denny Island, BC, Canada VOT 1BO oder über www.pacificwild.org.

Leben in Alaska

*Cover- und Preisänderungen vorbehalten

Dieter Kreutzkamp

Das Blockhaus am Denali

Leben in Alaska

320 Seiten

€ 14,99 [D], € 15,50 [A]*

ISBN 978-3-492-40293-4

»Gegen das Alaska-Fieber gibt es nur eine Medizin: Hinfahren!«, weiß Dieter Kreutzkamp aus eigener Erfahrung. Als eine alte Freundin ihm anbietet, ihr Blockhaus am majestätischen Mount Denali für eine Auszeit zu nutzen, folgt er dem Ruf der Wildnis. Eine Fundgrube voller Geschichten aus einem wilden Land legt Dieter Kreutzkamp in seinem neuen Buch vor.

MALIK NATIONAL GEOGRAPHIC